毎日のお世話から幸せに育てるコツまでよくわかる！

ハムスター
THE HAMSTER

著 大野瑞絵 Mizue Ohno
写真 井川俊彦 Toshihiko Igawa
監修 田向健一（田園調布動物病院院長） Kenichi Tamukai

小動物★飼い方上手になれる！

for beginner

誠文堂新光社

CONTENTS
もくじ

ハムスターバリエーション図鑑 …… ❻
はじめに …………………………………… ⓲

chapter 1
ハムスターってこんな動物 …… ⓳
■ とにかくかわいい！〜ペットとしての魅力〜 … ⓴
　表情豊かで愛らしい ……………………… ⓴
■ 飼い始めやすい、飼い続けやすい ……… ㉒
　飼い始めやすい環境 ……………………… ㉒
■ たくましい野生での暮らし ……………… ㉔
　身についている野生の習性 ……………… ㉔
■ さまざまな行動や仕草が見られる ……… ㉖
　ずっと見ていても見飽きない …………… ㉖
■ 小さくても機能的な体の特徴 …………… ㉘
　ハムスターはげっ歯目の動物 …………… ㉘
■ コラム　ハムハム写真館① …………… ㉚

chapter 2
わが家に迎えるまでの準備 …… ㉛
■ 想像してみて、ハムスターのいる暮らし … ㉜
　ハムスターのいる一日 …………………… ㉜
　ハムスターのいる一年 …………………… ㉞
■ ハムスターの「飼い主」になる心構え … ㊱
　命への責任を最後まで …………………… ㊱
　お金や時間がかかる覚悟 ………………… ㊱

　家族の同意 ………………………………… ㊲
　個性を理解して …………………………… ㊲
■ ハムスターを飼う前に知っておくこと … ㊳
　ハムスターアレルギー …………………… ㊳
　ほかの動物とハムスター ………………… ㊳
■ 子どものペットとしてのハムスター …… ㊴
　慈しむ姿を見せてあげて ………………… ㊴
■ 飼う前に確認！Q&A …………………… ㊵
　Q 1匹だけでは寂しいですか？ ………… ㊵
　Q ハムスターはくさいですか？ ………… ㊵
　Q ハムスターはうるさくないですか？ … ㊵
　Q どのくらいの寿命ですか？ …………… ㊶
　Q 飼ううえで何が一番大変ですか？ …… ㊶
　Q 散歩は必要ですか？ …………………… ㊶
　Q 手乗りになりますか？ ………………… ㊶
■ どんな子を迎えようか …………………… ㊷
　種類を選ぶ ………………………………… ㊷
　性別を選ぶ ………………………………… ㊸
　迎える年齢 ………………………………… ㊸
■ どこから迎えるか ………………………… ㊹
　入手先の特徴と注意点 …………………… ㊹
■ ハムスターを迎える環境作り …………… ㊺
　事前にそろえるもの ……………………… ㊺
　そのほかに行う準備や確認 ……………… ㊺
■ 元気な子を選ぼう ………………………… ㊻
　何よりも健康が一番 ……………………… ㊻
■ コラム　ハムハム写真館② …………… ㊽

chapter 3
ハムスターの住まい作り　49

- ケージの選び方と種類　50
  - ハムスターにとっての住まい　50
  - 住まいの種類　50
  - 住まい選びのポイント　51
- 飼育グッズを選ぼう　52
  - 床材　52
  - 巣材　52
  - 巣箱　53
  - 食器、給水ボトル　54
  - トイレ、トイレ砂　55
  - おもちゃ類　56
  - そのほかの飼育グッズ　57
- 住まいをセッティングしてみよう　58
  - タイプ別セッティングの例　58
- 住まいの置き場所　60
  - 快適さと安全性を考えて　60
- コラム わが家のアイデア 飼育環境編　62

chapter 4
ハムスターの食事　63

- 基本の食事　64
  - 毎日与えるもの　64
  - 与える量　65
  - 与える時間と回数　65
  - 食べているかの確認　65
- ペレットの選び方　66
  - ハムスターのために作られた主食　66
- 副食の選び方　68
  - ハムスターの心の健康のためにも　68
  - 副食の与え方　68
  - 野菜　69
  - 果物　69
  - 動物質の食材　70
  - そのほかの食材　70
- 飲み水の与え方　71
  - 飲み水は毎日必ず与えよう　71
- おやつの与え方　72
  - おやつを与えるメリット　72
  - おやつの注意点　73
- ハムスターに与えてはいけないもの　74
  - 安心して食べさせられるものを　74
- 食事のトラブルシューティング　75
  - ハムスターの食事はずっと同じでいい?　75
  - 買ったペレットがなかなか減らない　75
  - ペレットを変えたら食べない　75
- コラム わが家のアイデア 食事編　76

chapter 5
ハムスターのお世話 …… 77
- 毎日のお世話 …… 78
  - お世話は大切な日課 …… 78
- ときどきやるお世話 …… 80
  - 週末や月末に時間をとる …… 80
- 快適生活のポイント …… 82
  - トイレのしつけ …… 82
  - におい対策 …… 83
- 暑さや寒さの季節対策 …… 84
  - 暑さ・寒さへ備えよう …… 84
  - 春や秋の対策も必要 …… 84
  - 暑さ対策 …… 85
  - 寒さ対策 …… 85
- ハムスターの留守番 …… 86
  - 日常の留守番 …… 86
  - 旅行など長めの留守番 …… 86
  - 世話をお願いする …… 87
- ハムスターと出かける …… 88
  - 出かける準備 …… 88
- ハムスターの防災対策 …… 89
  - 日頃からの備えが大切 …… 89
- コラム ハムスターブームにできた飼育書 …… 90

chapter 6
ハムスターと仲良くなろう …… 91
- コミュニケーションに大切なこと …… 92
  - 慣らすことのメリット …… 92
- ハムスターと仲良くなる準備 …… 94
  - 迎えるそのとき …… 94
  - 迎えたその日 …… 94
- ステップアップで仲良くなろう …… 95
- 個体差を知ろう …… 97
  - 噛み癖について …… 97
- ハムスターの持ち方 …… 98
  - ハムスターを持てたほうがいいの? …… 98
  - ハムスターを持つ手順 …… 98
- ハムスターとの遊び …… 100
  - 「やること」を増やそう …… 100
- ハムスターとのコミュニケーションの注意点 …… 102
  - "一緒"に遊ぶのは難しい?! …… 102
- コラム ハムハム写真館③ …… 104

chapter 7
ハムスターの健康管理 …… 105
- 健康管理に大切なこと …… 106
  - 健康のための十ヶ条 …… 106
  - 健康管理は毎日の積み重ね …… 107
- ハムスターと動物病院 …… 108
  - 動物病院を見つけておこう …… 108
  - 動物病院の探し方 …… 108
  - 健康診断に行こう …… 109
  - 動物病院へ行くのを先延ばしにしない …… 109
- 健康チェックをしよう …… 110
- ハムスターによく見られる病気 …… 112
  - 腫瘍 …… 112

皮膚の病気	113
歯の病気	114
目の病気	115
消化器の病気	116
子宮の病気	117
骨折	117
■ ハムスターの応急手当	118
■ 人と動物の共通感染症	120
共通感染症ってどんなもの？	120
共通感染症を予防するには	121
■ コラム ハムスターの繁殖	122

appendix
ご長寿ハムスターを目指して 一歩進んだ飼い主になろう …… 125

■ ご長寿を目指して	126
「一生」の重さと喜び	126
もって生まれた一生をまっとうさせたい	127
■ 「○○しすぎ」に気をつけよう	128
キーワードは「ほどほど」	128
太らせすぎ	128
痩せさせすぎ	129
構いすぎ	130
構わなさすぎ	131
おやつのあげすぎ	132
ダイエットさせすぎ	132
情報があふれすぎ	134
情報が更新されなさすぎ	135
■ シニアハムスターとの生活	138
高齢になると見られる体の変化	138
高齢ハムスターの環境	139
適切な食生活	140
高齢ハムスターとの接し方	141
健康診断	141
病気との向き合い方	141
■ お別れのときに	142

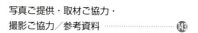 考・ご長寿コラム

サプリメントをどう考える？	131
ハムスターの気持ちを理解したい	133
成長期は心と体を育む大切な時期	135
行動レパートリーを増やそう	137
「鳥の目・虫の目・魚の目」を飼育に生かすこと	137

写真ご提供・取材ご協力・
撮影ご協力／参考資料 …… 143

ハムスター バリエーション図鑑
Hamster variation guide

一口にハムスターといっても種類や毛色はさまざま。定番のゴールデンハムスターやジャンガリアンから通好みのチャイニーズまで、かわいらしい姿を一挙にご紹介します。

ノーマル

○カラー名称は一般的なものを載せています。ペットショップなどによっては異なるカラー名称を使っている場合もあります。
○ここでの「体長」は頭胴長を指しています。尾長は含まれていません。
(体長、体重、故郷の出典『カラーアトラスエキゾチックアニマル 哺乳類編』)

キンクマ

Golden hamster

ゴールデンハムスター

体長	約16〜18.5cm
体重	約130〜210g
故郷	シリア、レバノン、イスラエル
毛色	ノーマル、キンクマ、パイドなど

　ハムスターといえば思い浮かぶ定番の種類。人懐っこい傾向があり、日本で飼われているハムスターの中では体が大きいので、飼育初心者でも飼いやすいでしょう。最近では、テディベアのような全身クリーム色の「キンクマ」が人気です。

長毛（サテン）

長毛（ブラック＆ホワイト）

Golden hamster ゴールデンハムスター

ブラック

ブラック&ホワイト

Djungarian hamster

ジャンガリアンハムスター

体長	オス 約7〜12cm メス 約6〜11cm
体重	オス 約35〜45g メス 約30〜40g
故郷	カザフスタン東部、シベリア南西部
毛色	ノーマル、ブルーサファイア、パールホワイトなど

小さくて丸っこいフォルム、まん丸に輝く瞳。ゴールデンに並んで人気なのが、このジャンガリアンハムスターです。寒い地方で暮らしていたために足先まで毛が生えているのが特徴で、靴下のようでチャーミング。ハムスターに愛らしさを求める人におすすめです。

パールホワイト

ノーマル

ノーマル

イエロー（ルビーアイ）

Djungarian hamster
ジャンガリアンハムスター

ロシアンブルー

ノーマル

Roborovski hamster

ノーマル

ロボロフスキーハムスター

体長	約7〜10cm
体重	約15〜30g
故郷	ロシアのツバ自治共和国、カザフスタン東部、モンゴル西部および南部、隣接する中国の新疆ウイグル自治区北部
毛色	ノーマル、ホワイトなど

目の上にある眉毛のような白い模様が特徴的です。人には慣れにくい種類なので、懐かせて遊ぶよりも、かわいい姿を見て楽しみたいという人に合っています。日本で一般的に飼われるハムスターの中では最も小型で、多頭飼育ができる種類です。

パイド

Chinese hamster

	チャイニーズハムスター
体長	オス 約11～12cm メス 約9～11cm
体重	オス 約35～40g メス 約30～35g
故郷	中国北西部、内モンゴル自治区（内蒙古）
毛色	ノーマル、パイドなど

　他のハムスターと比べるとスラッとした体型で、しっぽが長めなのが特徴的です。すばしっこい動きをします。人に慣れにくい個体も少なくないので、飼育に慣れた人におすすめ。ハムスターにネズミっぽさを求める人にはピッタリでしょう。

ノーマル

ブラック・アンブロウス

Campbell's hamster

ブラック・プラチナ・パイド

	キャンベルハムスター
体長	オス 約7〜12cm メス 約6〜11cm
体重	オス 約35〜45g メス 約30〜40g
故郷	ロシア（バイカル湖沿岸東部）、モンゴル、内モンゴル自治区（内蒙古）、中国の新疆ウイグル自治区
毛色	ノーマル、ブラック、イエローなど

ジャンガリアンによく似ています。毛色のバリエーションが多いのが特徴。縄張り意識が強い傾向にあり、慣れにくい場合もあるので飼育経験者におすすめです。まん丸の目がチャームポイントで、人気が急上昇中です。

パープル・ザンティック・サテン　　アルビノ

イエロー

はじめに

　ちっちゃくてかわいい動物といえば、何といってもハムスターがおなじみです。初めてのペットがハムスターだったという人も多いことでしょう。そしてまた、大人になってから迎えるハムスターには、大人だからこそ感じられる癒やしのパワーが秘められています。

　飼い始めるにあたっての間口が広く、「飼いやすい」といわれるハムスターですが、小さくたって命ある存在です。この本では、ハムスター初心者の皆さんに向けての飼育方法をご紹介するとともに、巻末では、ハムスターのご長寿のために何ができるのかを考えてみました。

　みなさんとハムスターとにすてきな出会いがありますように。

　そしてすてきなハムスターライフでありますように。

大野瑞絵

The Hamster
Introduction of the hamster

chapter 1
ハムスターって
こんな動物

The Hamster　　　　　Introduction

とにかくかわいい！〜ペットとしての魅力〜

かわいらしい仕草に
癒される飼い主は多いでしょう。

Chapter 1　ハムスターってこんな動物

好奇心旺盛そうな表情もたまりません。

丸くて小さな体は両手で包み込めてしまう大きさ。

表情豊かで愛らしい

　ハムスターの魅力は、何といっても小さくてかわいいところ。ペットのハムスターの中では大きなゴールデンハムスターでも両手のひらに乗せることができ、ジャンガリアンハムスターなどは両手ですっぽり隠せてしまう大きさです。

　おっとりした表情を見せてくれ、ときには手の上で寝てしまうこともあります。毛づくろい、特に顔掃除を前足でくしくしとする姿に癒やされない人はいないでしょう。頬袋にあふれんばかりの食べ物を詰め込んで運ぶ姿、勢いよく回し

立ち上がってキョロキョロ、何が見えるかな。

足は短く全体にずんぐりした体でも素早く動きます。

見つかっちゃった？
仕草がとにかくかわいい！

車を回す姿、お腹を見せてぐっすり眠っている姿など、ハムスターの仕草や行動は私たちを大いに楽しませてくれます。

そして驚くのは、こんなに小さくてかわいらしくても、きびしい自然の中を生き延びてきた動物だということ。とてもたくましい一面をもち合わせているのです。ときおりのぞかせる野性味のある表情や仕草なども、ハムスターの大きな魅力のひとつであるでしょう。

寿命が短いのは寂しいことですが、「その一生をわが家で幸せにすごしてほしい」、「癒してくれるぶん、私たちもハムスターにたくさんの癒しを与えたい」、そんな思いを多くの飼い主たちがもち、ハムスターとともに暮らしています。

Chapter 1　ハムスターってこんな動物

The Hamster **Introduction**

飼い始めやすい、飼い続けやすい

飼い始めやすい環境

　ハムスターをはじめ、インコや爬虫類など、犬・猫以外のペットは「エキゾチックペット」と呼ばれます。エキゾチックペットの飼育環境は、近年になってとても進化しています。特に人気の高いハムスターの場合、選ぶのに悩むほど飼育ケージや飼育グッズがたくさん作られていて、ハムスター用フードもさまざまな種類が販売されています。こうした飼育グッズやフードは多くのペットショップで手に入り、ネット通販で翌日には届いたりもします。

　飼育ケージは大きくないので、置き場所に悩むこともあまりありません。また、

おやつをもらってご機嫌！

ハムスターの主食はペレットだよ

水は給水ボトルから飲むのだ

ハムスターそのものの金額が決して高額ではないので入手しやすく、ハムスターは「飼い始めやすいペット」だといえます。

■ 飼育の入り口は広く、奥が深い

ハムスターを迎えると毎日のお世話は当然必要ですが、時間はそれほどかからないでしょう。散歩の必要もありません。毎日の食事量も、掃除が必要なトイレ砂や床材の量も多くはありません。

ですから、ハムスターは「飼い続けやすいペット」のひとつと考えてよいでしょう。このように、飼い始め、飼い続けるためのハードルが低いこともあり、ハムスターが「はじめて飼ったペット」だという人も多いのです。

また、さらに一歩踏み込んでみることもできます。「もっとハムスターに適した環境にするにはどうしたらいいのだろう？」などと工夫してみるのも、ハムスターを飼う楽しみのひとつです。

入り口は広くて誰にでも開放されていて、望めば奥深い世界も待っている、ハムスターの飼育にはそんな魅力があるといえるでしょう。

Chapter 1　ハムスターってこんな動物

巣箱に巣材を運んだの☆

お気に入りの場所でおやつタイム

お布団セット、あったかいんだよ♥

The Hamster　　　Introduction

たくましい野生での暮らし

身についている野生の習性

ゴールデンハムスターやジャンガリアンハムスターの生息地は、いずれもステップ気候と呼ばれる地域です。乾燥していますが砂漠ではなく、短い草が生えています。寒暖の差が大きいのも特徴です。流通しているペットのハムスターは、飼育下で繁殖されている個体ですが、夜行性であるなどの習性は多く残っています。

単独生活をする

ゴールデンハムスターは群れを作らず、1匹ずつで暮らす単独性の動物です。それぞれがなわばりをもち、自分のなわばりを守ります。小さな体でたくましく、ひとりで生きているのです。

夜行性である

ハムスターは暗くなると活発になる夜行性の動物です。できるだけ天敵の少ない時間帯に活動します。昼間は巣穴の中で休息しています。

頬袋を使う

頬の左右に大きな頬袋をもっています。食べ物は頬袋に詰め込んで運びます。巣穴に食べ物を貯めておくためと、天敵のいないところで安心して食事をするための行動です。

Chapter 1 ハムスターってこんな動物

地下に巣穴を掘る

複雑なトンネル状の巣穴を地下に掘ります。巣穴の中には、餌の貯蔵場所、寝床、排泄場所などがあります。野生のハムスターの一部は、地下の巣穴で冬眠に入ります。

The Hamster　　　　Introduction

さまざまな行動や仕草が見られる

ずっと見ていても見飽きない

ときにはワイルド、ときにはラブリー。ハムスターの行動や仕草は、ずっと見ていても飽きないほどで、どれもが私たちを魅了してくれます。

ゴロンとなって寝る
よく眠ります。環境に慣れてくると寝床ではない場所で寝てしまっていることもあります。

立ち上がって周囲を見る
後ろ足で立ち上がり、周囲の状況を判断します。飼育下では、おやつをねだるときにも見られる行動です。

前足を上げて固まる
片方の前足を上げてじっと固まったように動かないことがあります。警戒しているときのポーズです。

仰向けで怒ることもある

飼い主に慣れていないうちや驚いたときなどに、ひっくり返ってジージー鳴きながら怒ります。

お尻をついて座る
リラックスして座っています。すぐに逃げ出すことのできない体勢になるのは、安心しているからでしょう。

Chapter 1　ハムスターってこんな動物

頬袋に食べ物を入れる

頬袋に食べ物を入れて運びます。体のシルエットが変わるくらいたくさん詰め込むこともあります。

頬袋の食べ物を出す

頬袋に入れて運んだ中身を出します。巣箱やケージの隅に隠したり、安全な場所で頬から出して食べたりします。

ていねいな毛づくろい

ひげの汚れをとったり、毛並みを整えるために毛づくろいをします。被毛の状態をよくするのは大切なことです。

ゴールデンハムスターのにおいつけ

ゴールデンハムスターが臭腺でにおいつけをしています。臭腺は左右の脇腹にひとつずつあります。

ジャンガリアンハムスターのにおいつけ

ジャンガリアンハムスターの臭腺はお腹にあります。お腹をこすりつけるようにしてにおいをつけます。

Chapter 1 ハムスターってこんな動物

The Hamster Introduction

小さくても機能的な体の特徴

ハムスターはげっ歯目の動物

ゴールデンハムスター

ハムスターは、哺乳類のうち「げっ歯目−ネズミ亜目−キヌゲネズミ科−キヌゲネズミ亜科」に分類されます。伸び続ける切歯はげっ歯目ならではの特徴です。

耳
非常にすぐれた聴覚をもっています。人には聞こえない高周波の音も聞こえます。

目
暗いところでも、ものを見ることができます。視力はよくありません。

鼻
嗅覚はとてもすぐれています。地面に隠した食べ物を探すこともできます。

頬袋
口の両側には大きな頬袋があります。

ヒゲ
触覚がすぐれています。狭い場所を通るときにその間隔を確かめることができます。

歯
歯は全部で16本。上下4本の切歯は生涯にわたって伸び続けます。

Chapter 1 ハムスターってこんな動物

Introduction

体格
全体にずんぐりとした体格をしています。

しっぽ
短いしっぽがあります。

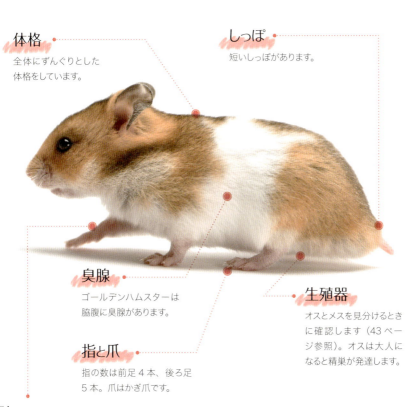

臭腺
ゴールデンハムスターは脇腹に臭腺があります。

指と爪
指の数は前足4本、後ろ足5本。爪はかぎ爪です。

四肢
穴掘りをするのに適した短い四肢をもちます。ジャンガリアンハムスターの足の裏には毛が生えています。

生殖器
オスとメスを見分けるときに確認します（43ページ参照）。オスは大人になると精巣が発達します。

Chapter 1　ハムスターってこんな動物

● ジャンガリアンハムスター ●

臭腺
ジャンガリアンハムスターは腹部に臭腺があります。

The Hamster
Before keeping

chapter 2 わが家に迎えるまでの準備

The Hamster   Before keeping

想像してみて、ハムスターのいる暮らし

ハムスターのいる一日

ハムスターは、人とは異なるライフスタイルで暮らしている動物。飼ってみて困ったなと思うことが少なからず起こるでしょう。わが家に迎えられるかどうか、まずはハムスターのいる暮らしを想像してみましょう。

ハムスターのいる毎日を思い浮かべるだけで楽しくなってしまいます。しかし

Chapter 2　わが家に迎えるまでの準備

▶ 朝、出勤前の慌ただしいときでも、必要なお世話をしなくてはなりません。余裕をもった行動をするための時間が必要です。

▶ ハムスターは夜行性。夜中にガサゴソ遊ぶ音や、回し車の音がうるさくて眠れない……なんてこともあります。

The Hamster　　　　　　**Before keeping**

ハムスターのいる一年

　四季のある日本は、季節ごとの行事や楽しみもたくさんあります。ハムスターが家族になれば、そこに季節に応じたお世話や注意点も加わるでしょう。長期休暇に旅行へ行くおうちなら、ハムスターの留守番のことをあらかじめ考える必要があります。自分たちがどんな一年間をすごしているのかを考えてみましょう。

◀ 進学や就職などで環境が変わる季節。せわしない日々でもハムスターの世話をする時間は確保しなくてはなりません。

▲ じめじめと蒸し暑い時期は、ハムスターの住まいも湿っぽく不衛生になりがち。こまめな掃除が必要です。

▶ とても暑い日本の夏。エアコンなしでハムスターの飼育は考えられません。電気代がかかることを覚悟しましょう。

Chapter 2　わが家に迎えるまでの準備

▲ 帰省や旅行、そのときハムスターはどうしますか？ 場合によってはペットホテルやペットシッターの利用料がかかります。

▲ ハムスターの低体温症を防ぐため、冬場の温度管理はとても大切。ペットヒーターなどの準備が必要になります。

◀ 健康管理の一環として定期的に動物病院での健康診断を。もちろん具合が悪いときは、すぐに病院に連れていきましょう。

Chapter 2 わが家に迎えるまでの準備

The Hamster　　　　　Before keeping

ハムスターの「飼い主」になる心構え

命への責任を最後まで

ハムスターは手の上に乗るようなとても小さな動物ですが、命ある立派な生き物です。動物を飼うということは、その命に対して責任をもつということです。飼い主が責任をもって世話をしなければ、その動物は生きていけないのです。

動物を最後まできちんと飼うことを「終生飼養」といいます。終生飼養は動物愛護管理法でも、飼い主に対しての努力義務となっています。ハムスターを迎えたいと思うなら、愛情と責任を最後までもち続け、適切な飼育管理を行うことができるかどうかをよく考えてみましょう。

お金や時間がかかる覚悟

ハムスターは、一般に成体や飼育グッズの価格はそれほど高額ではありません。世話の時間もさほどかかりません。

しかし、病気になって治療を受けることになれば、治療費がかかります。その額はハムスターを購入したときの金額よりも高額になることが多いものです。

また、看護をすることになれば、通常の世話よりもずっと長い時間が必要になります。

ハムスターはペットとして「飼いやすい」動物ですが、このように、予想以上にお金や時間がかかる場合もあることを知っておきましょう。

【動物愛護管理法とは】
（動物の愛護及び管理に関する法律）

動物愛護管理法は、ペット関係者だけでなく、すべての人々が守るべき法律です。対象動物はペット、動物園の動物、家畜、実験動物など、人が飼育している動物です。動物の愛護と適切な取り扱い、動物による人の生命や財産への侵害を防ぐこと、人と動物の共生社会の実現を図ることなどがこの法律の目的です。

【飼い主になるチェックリスト】

☐ 愛情と責任をもって最後まで飼い続けて
☐ ときには高額なお金や長い時間が必要になることも覚悟して
☐ 家族の同意を得ておこう
☐ 家族で飼うなら飼育ルールを共有して
☐ 個体差があることを理解して

家族の同意

　家族と同居しているのなら、ハムスター飼育に関して、家族の同意を得ておきましょう。

　どんなに小さな動物でも、家の中に人と異なる種類の生き物が増えれば環境に変化があります。たとえていねいに世話をしても、においが気になることがあるかもしれません。いくら自分で世話するからと思っていても、病気になったときなどは、家族に世話を頼まねばならないこともあるでしょう。

　一緒に世話を楽しむなら、食事はいつどのくらい与えるかなど、ルールを共有しておく必要もあります。

　また、賃貸住宅であれば、飼育許可を得ておくようにしてください。

個性を理解して

　ハムスターには、怖がりで警戒心が強い性質があります。これはハムスターが生態系では下位の存在であるからです。そしてそれに加えて、それぞれの個体による性格の違いがあります。

　慣れやすいといわれるジャンガリアンハムスターでも、なかなか慣れない個体はいます。初対面でいきなり手に乗ってくる子もいれば、怖がってなかなか巣箱から顔を出してくれない子もいます。それぞれのハムスターには個性があり、個体差があることを理解しましょう。

　ハムスターを迎えたら、接する中でその子がどんな性格なのかを見きわめる必要があります。個性に応じた接し方をするようにしましょう。

約束してね！

The Hamster　　　　　Before keeping

ハムスターを飼う前に知っておくこと

ハムスターアレルギー

ハムスターの毛やフケ、唾液などが原因で、人がアレルギーを発症することがあります。軽度なら、マスクをするなどの対策をすれば飼育が続けられますが、ひどくなると飼い続けることができなくなるケースもあります。もともとアレルギー体質の人は、あらかじめアレルゲン検査を受けておくといいでしょう。

■ **アナフィラキシー**

アナフィラキシーとは急性のアレルギー症状のことです。食べ物や蜂毒、薬剤などが原因ですが、ごくまれに、ハムスターに噛まれることが原因で起こります。むやみにおそれることはありませんが、知識として知っておきましょう。

ほかの動物とハムスター

犬や猫、フェレットなどにとって、ハムスターは捕食対象の動物です。すでにこれらの動物を飼っているところにハムスターを迎えるのなら、接触することのないよう十分に注意してください。ハムスターにとっては彼らのにおいもストレスですから、別々の部屋で飼うのがベストです。

ウサギやモルモット、小鳥などの小動物なら、同じ部屋にケージを置くこともできますが、万が一の事故を避けるためにも、一緒に遊ばせたりすることはやめておきましょう。

昼行性の動物のケージがそばにあると、ハムスターが休んでいる時間帯ににぎやかで落ち着きません。ライフスタイルも考えてあげましょう。

▲ アレルギー症状は突然表れることもあります。

▲ ハムスターにとって犬や猫は怖い存在です。

子どものペットとしてのハムスター

慈しむ姿を見せてあげて

ハムスターの基本的な世話は必ずしも難しいものではなく、また、サイズが子どもの手でも持つことのできる大きさであることなどから、ハムスターは小さい子どもにも向いているペットとも考えられています。

子どもたちのためにハムスターを迎える際は、大人が以下のような点に配慮してください。なお、小さい子どもに向いているハムスターは、ゴールデンハムスターかジャンガリアンハムスターです。

■ 子どもたちに世話を任せない

子どもたちに世話をさせるだけで放っておくのではなく、大人が小さな生き物を慈しんでいる姿を見せてあげてください。毎日きちんと世話をして、病気のときには看護をする姿から子どもたちが学ぶことは多いはずです。

■ 大人が見守りましょう

世話や遊ぶときは、大人の監督下で行いましょう。子どもたちは、悪気なく乱暴に扱ってしまうことがあります。また、好意から人用のおやつをあげたくなることもあるでしょう。適切に飼い、優しく接する方法を教えてあげてください。

また、個体によっては慣れにくく、怖がりなところもありますが、それもその子の個性として、個性に応じた接し方を教えてあげてください。

■ 共通感染症の知識を教えましょう

共通感染症の感染を防ぐため、世話や遊んだあとには必ず手を洗ってください。ハムスターが汚いからではないことも合わせて教えましょう（120ページ参照）。

◀ 動物を飼う責任を知ってもらうためにも、必ず最後まで、一緒に世話を続けてください。

The Hamster　　　　　Before keeping

飼う前に確認！ Q&A

Q 1匹だけでは寂しいですか？

A 寂しいとは思いません。

　基本的にはひとつのケージに1匹ずつで飼うようにしましょう。寂しいと思うことはありませんし、複数を一緒に飼育することによってケンカになる可能性があります。特に大人のゴールデンハムスターの多頭飼育は厳禁です。また、オスとメスを一緒にすれば繁殖して子どもが増えてしまいます。

　なお、ロボロフスキーハムスターはほかのハムスターと比べ、多頭飼育しやすい種類です。

種類によっては、多頭飼育も可能ですが、飼育上級者になってから検討しましょう。

Q ハムスターはくさいですか？

A 掃除を怠るとくさくなります。

　ハムスターそのものがくさいことはありません。フンは小さくて水分が少なく、オシッコの量も少しですから、トイレ掃除やケージ内の掃除を適切に行っていれば、くさいということはありません。掃除をさぼっていれば、くさくなってしまいます。なお、大人のオスは臭腺が発達するので独特のにおいはあります。

Q ハムスターはうるさくないですか？

A 回し車を回すときに音がします。

　慣れていないうちに手を出すとジージーと鳴いたりすることがありますが、小さな鳴き声です。ほかにも鳴き声はいくつかありますが、鳴き声がうるさいということはありません。

　うるさいとしたら、回し車を回すときの音でしょう。回し車の種類によっては、キーキーという摩擦音がすることなどがあります。ハムスターが活発なのは夜で、周囲が静かなことが多いので、特に音が響きます。消音タイプの回し車も売られています。

Q どのくらいの寿命ですか？

A 2〜3年くらいが一般的です。

もっと長生きをする個体もいますし、適切な飼い方をしていても寿命が短いこともあります。犬や猫などと比べるととても短いように思えますが、誕生してから大人になり、高齢になっていく……というライフサイクルは、ほかの動物と同じです。

ストレスのない生活が送れるようにしてあげましょう。

Q 飼ううえで何が一番大変ですか？

A 人によってさまざまです。

夏場はエアコンをずっと使用するために光熱費がかかることや、病気になったときの治療費がかかるなど、経済面の負担が大きい場合があります。寿命が短いですから、お別れが辛いということもあるでしょう。

Q 散歩は必要ですか？

A 室内でも散歩の必要はありません。

ハムスターには十分な広さの飼育ケージを用意し、退屈しない環境を作ってあげましょう（ハムスターとのコミュニケーションについては Chapter 6参照）。

Q 手乗りになりますか？

A 性質や接し方などに左右されます。

ハムスターが手に乗ってくるようになるかならないかは、ハムスターのもともとの性質、飼い主の接し方、ペットショップでの過ごし方などが関係するでしょう。ショップのスタッフがやさしく接し、手に乗せたりしていれば、手を怖がりにくくなりますが、逆に乱暴に扱われていると手が怖いと思ってしまいます。

また、もともと怖がりの度合いが強い子もいます。ただし、飼い主が時間をかけて根気よく、手は怖くないと教えてあげれば（95〜96ページ参照）、手に乗ってくるようになるでしょう。

ハムスターが手を怖がらないようにするのは、人の楽しみだけでなくハムスターのストレス軽減のためでもあります。

The Hamster　　　　　Before keeping

どんな子を迎えようか

種類を選ぶ

　ペットとして飼われているハムスターはゴールデンハムスター、ジャンガリアンハムスターが多く、ほかにはキャンベル、ロボロフスキー、チャイニーズなどのハムスターがいます。

■ 種類による飼いやすさの違い

　飼いやすいといわれるのはゴールデンとジャンガリアンの2種類で、比較的慣れやすいといえます。この2種類の最も大きな違いは「大きさ」です。ゴールデンは体長15cm、体重120gほど、ジャンガリアンは体長7cm、体重40gほどです。ゴールデンのほうが大きな飼育ケージが必要になります。

　また、小さなジャンガリアンよりも大きなゴールデンのほうが、性質はよりおっとりしているようです。ただし、単独生活を好む傾向がとても強いため、ゴールデンの多頭飼育は厳禁です。

　キャンベルハムスターはカラーバリエーションの豊富さが魅力ですが、臆病な子が多いため、じっくり付き合ってあげる必要があるでしょう（よく「気が荒い」といわれますが、縄張り意識が強く、怖がりなのです）。

　ロボロフスキーハムスターは多頭飼育が可能ですが、人には慣れにくく、一般には「観賞用」ともいわれます。ただし、ストレスなく飼うためには、ある程度人に慣らすことも必要です。

　チャイニーズハムスターはほかのハムスターに比べると入手しにくい種類ですが、人にはよく慣れます。

入手しやすいゴールデンハムスター（左）とジャンガリアンハムスターです。

性別を選ぶ

■ 性質の違い

「オスのほうがメスより縄張り意識が強い」、「オスはおっとりしていてメスは気が強い」などともいわれていますが、実際には個体差が大きいですし、迎えてからの接し方にもよるので、性質面に関しては、あまり性別を意識しなくてもいいでしょう。

■ 外見上の違い

種類によっては性別による体格の違いもありますが、大きくは違いません。

外見上は、大人になるとオスは臭腺が発達し、陰嚢が目立つようになります。

かかりやすい病気では、オスが生殖器疾患になるよりも、メスが子宮疾患になることのほうが多いなどの違いはあります。

迎える年齢

■ 幼すぎると飼育が困難に

ハムスターを迎えるときは、必ず離乳（生後3週間ほど）が終わり、大人の食事を食べられるようになっている個体を選ぶようにしましょう。

幼すぎる個体は、ミルクを与えなくてはならないこともあり、また温度管理にも細心の注意が必要になります。元気に育てるのはとても大変ですから、しっかりと育っている子を選んでください。

大人になっているハムスターを迎える場合もあるでしょう。大人のほうが警戒心は強いですし、それまでの人との関係が影響を与えています。人から構われずに暮らしていたのなら、慣れるまでには時間がかかるでしょう。しかしたいていの場合、時間がかかっても慣れます。あきらめずに接する必要があります。

オスとメスの見分け方

肛門と生殖器との距離を確認します（写真矢印）。距離が離れているのがオスで、距離が近いのがメスです。性成熟してからだとわかりやすく、オスは性成熟すると陰嚢が目立ったり、臭腺が発達してきます。メスは乳首が目立ちます。

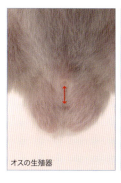

オスの生殖器

メスの生殖器

The Hamster　　　　　Before keeping

どこから迎えるか

入手先の特徴と注意点

■ ペットショップ

ハムスターはペットショップで買うことができます。衛生的で、スタッフがハムスターに詳しいショップを選びましょう。ショップにいるハムスターは通常、ちょうど成長期という大事な時期です。成長に必要な食事を適切に与えられているか、適切な接し方をされているかもチェックしましょう。不衛生な環境だと、ハムスターが感染症にかかっているおそれもあります。

ペットショップでハムスターを販売する際には、販売時説明を行うことが動物愛護管理法で義務付けられています。きちんと説明をしてもらい、必要な書類を受け取ってください。

■ ブリーダー

数は少ないですが、ハムスターのブリーダーから購入することができます。母親ハムスターからしっかりと母乳をもらい、母親やきょうだいハムスターとも十分に触れ合っている個体を入手できるのが大きなメリットです。販売時説明の義務については、ブリーダーの場合も同様です。

■ 里親募集

家庭で繁殖したハムスターを里親募集している方から譲り受けることもできます。有料かどうか、どのように受け渡すかなどの条件をあらかじめきちんと確認しておきましょう。

なお、仕事として繁殖業を行っていなくても、繰り返し譲渡を行っている場合には、動物取扱業の登録が必要となるケースもあります。

▲ 動物取扱業者は、飼い主に説明を行うことを義務付けられています。

Before keeping

ハムスターを迎える環境作り

事前にそろえるもの

ケージやプラチックケースなどの飼育ケージ、基本的な飼育グッズ（巣箱、床材、食器関連、トイレ関連）やフードはあらかじめ用意しておきましょう。時期によっては、ペットヒーターなどの季節対策グッズが必要になります。

また、迎えて最初に使う床材やフードは、ハムスターがもともと過ごしていたペットショップなどで使っているものと同じ種類にしておきましょう（詳しくはchapter 3、4を参照してください）。

別の床材やフードを与えたいと思う場合には、迎えたハムスターが新しい飼育環境に慣れてから、徐々に変えていくようにします。

そのほかに行う準備や確認

■ **置き場所を決めておく**

飼育ケージを家のどこに置くのか決めておきましょう。うるさすぎない場所、気温変化が大きくない場所などが適しています。その場所が一日を通して、また一年を通して、どのような場所なのか（暑さや寒さ、風通し、騒音など）を考えてみてください。（詳しくは59〜60ページ参照）

■ **動物病院を探しておく**

ハムスターを迎える決意をしたら、診てもらえる動物病院が近所にあるか探しておきましょう。犬や猫だけしか診ない動物病院も多いものです（詳しくは107〜108ページ参照）。

■ **自分のスケジュールを確認**

ハムスターを迎えてすぐの時期はあまり構わないほうがいいのですが（詳しくは94ページ参照）、体調を崩していないか、食事をとっているかなどを確認する必要はあります。学校や仕事が忙しいときは避け、できるだけ気持ちに余裕があるときにハムスターを迎えるようにしましょう。

Chapter 2　わが家に迎えるまでの準備

巣箱

フード

飼育ケージ

The Hamster　　　　　Before keeping

元気な子を選ぼう

何よりも健康が一番

ハムスターを飼うことが決まって準備が整ったら、いよいよハムスターを迎えます。ハムスターを購入するときには、ペットショップのスタッフやブリーダー、里親の人などと一緒に、そのハムスターの健康状態をチェックしましょう。以下の項目を参考にしてチェックしてみてください。

どのハムスターがほしいかを決めるきっかけとなるのは、顔やカラーが気に入った、一目惚れしてしまったなどいろいろな理由がありますが、何よりも健康で元気のいい子を選ぶことが大切です。

ハムスターは夜行性です。昼間は寝ていることが多いので、夕方以降の活発な時間帯に見に行くことをおすすめします。

毛並み
毛並みが乱れていませんか？
脱毛していませんか？

お尻
下痢などで汚れていませんか？
しっぽは汚れていませんか？

四肢
足を引きずるなどしていませんか？
動きがおかしくないですか？

行動
元気がありますか？
食欲はありますか？

耳
傷ついていたり、
切れたりしていませんか？
耳の中が汚れていませんか？

目
目ヤニや涙が出ていませんか？
しょぼしょぼしていませんか？

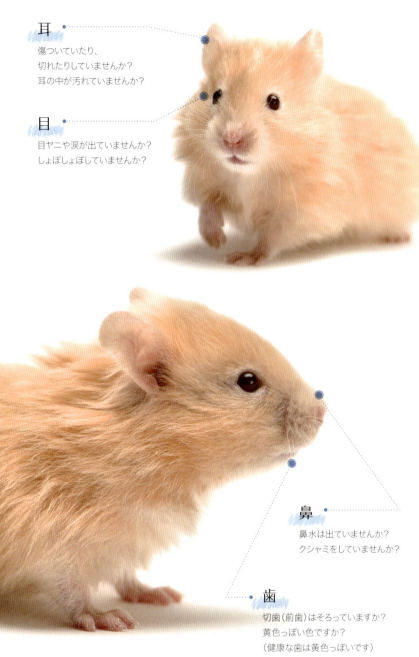

鼻
鼻水は出ていませんか？
クシャミをしていませんか？

歯
切歯（前歯）はそろっていますか？
黄色っぽい色ですか？
（健康な歯は黄色っぽいです）

Chapter 2　わが家に迎えるまでの準備

The Hamster
House of the hamster

chapter 3
ハムスターの住まい作り

The Hamster　　　House

ケージの選び方と種類

ハムスターにとっての住まい

ハムスターにとって住まい（ケージや水槽など）は、生涯のほぼすべてをそこで生活することになる、とても大切な場所です。野生のハムスターなら、気に入らなければ新天地を求めて引っ越せばいいのですが、飼育下のハムスターにはそれはできません。快適に暮らせる、よい住まいを選びましょう。

住まいの種類

ハムスター用の住まいには多くの種類があります。大きく分けると、水槽（プラケース）タイプと金網（鳥かご）タイプがあり、さまざまなサイズのものが市販されています。

両方のタイプのいいところを合わせたような商品もありますし、サイズ面では小さめですが子どもの机の上に置いたりし

Chapter 3　ハムスターの住まい作り

ハムスター用の住まいは大きく分けて2タイプ

【水槽タイプ】

プラスチック製だと軽い
冬は暖かい
床材を掘っても周囲を汚しにくい

ガラスやアクリル製だととても重い
夏は蒸し暑い
蓋のないタイプは脱走のおそれがある

【金網タイプ】

夏は涼しい
比較的軽い

床材などで周囲を汚しやすい
冬は寒い
金網を登って落下事故を起こしやすい
金網をかじる習慣がつきやすい

て、かわいらしい様子を身近で眺められる楽しいタイプもあります。また、市販の製品よりも大きなものを求めて、衣装ケースを使って手作りする方もいるようです。

住まい選びのポイント

住まいを選ぶ際には、次のポイントにも注意しつつ、実際にペットショップで実物を見て選ぶことをおすすめします。

■ 十分な広さがあること

底面積のサイズは、ゴールデンハムスターで35×45cm、ジャンガリアンハムスターで35×25cm程度が目安です。

いろいろな飼育グッズを置いても十分な広さのある住まいを選びましょう。

ハムスターは木に登るなどの上下運動をしないので、住まいに高さは必要ありませんが、巣箱の上に登って脱走するような高さだと低すぎます。高さは25cmくらいあるといいでしょう。

■ 世話がしやすいこと

掃除やグッズの出し入れがしやすいものがいいでしょう。大きく開く扉がついていると便利です。大きすぎたり重すぎたりすると、洗うために移動させるときなどに大変です。ハムスターが快適なことはもちろんですが、自分が世話しやすいかどうかも考えましょう。

▲ ミニデュナハムスター／ファンタジーワールド
W550×D390×H270（mm）

▲ ハムスター用ケージ クリセッティ／ファンタジーワールド
W460×D290×H230（mm）

▲ ルーミィ（ピンク）／三晃商会
W470×D320×H275（mm）

▲ HS5 ケージ／三晃商会
W470×D310×H235（mm）

The Hamster　　　　House

飼育グッズを選ぼう

床　材

巣　材

　ケージの底には、床材を厚く敷きます。ハムスターが穴掘りをすることができ、金網タイプのケージをよじ登って落下したときのクッションにもなります。

　床材には、木製、牧草、紙製などの種類があります。保温性があり入手しやすいのは木製（ウッドチップ）で、ポプラなどの広葉樹のものが推奨されています。種類によっては（特にスギやマツなどの針葉樹）、アレルギーを起こしやすいといわれています。牧草は食べても安心ですが、吸水性が悪いでしょう。紙製は吸水性がよく、また出血や血尿があったときに色の変化でわかりやすいのですが、ほこりが出やすい面があります。

　巣箱の中に「おふとん」として入れるものを巣材といいます。床材と同じでも、別に用意してあげてもいいでしょう。

　ちぎったティッシュペーパーは使い捨てできて衛生的ですが、短くしないと手足にからんだり、頬袋にしまい込んだときに内側にくっつくおそれがあるので注意が必要です。

　新聞紙を小さい短冊状にちぎったものを使うこともできます。一般には、インクには害がないとされています。

　綿は暖かいですが、細かい糸くずを飲み込んだり、指にからまって先端が壊死するなどの問題もあるので避けたほうがいいでしょう。

床材
（巣材）

木製
広葉樹マット／
三晃商会

牧草
敷き牧草／
三晃商会

紙製
ケアペーパー／
三晃商会

紙製
ハムキュート
消臭ペーパー
マット／
GEX

巣　箱

　野生のハムスターは地下に巣穴を掘ります。ですから、飼育下でも巣箱があると安心して眠れるでしょう。巣箱には巣材や食べ物を運び込むことがあります。広すぎず狭すぎず、少なくとも巣箱の中で楽々と方向転換できるくらいの大きさのものを選びましょう。蓋が開くもの、底がないものは掃除がしやすいです。

　木製は通気性がよくおすすめですが、水分の多い食べ物を隠したり、中でオシッコしたりすると汚れやすいので、いくつか用意して交代で洗いながら使うといいでしょう。夏は陶器製のものもひんやりしていいのですが、割れやすいものですから取り扱いには注意しましょう。

　小動物の寝床としてフリース生地のものがよく使われるようになってきました。手作りでこしらえる方も多いようです。冬は暖かく、爪も引っかかりにくい素材ですが、かじって飲み込んでしまう子には向いていませんから、よく観察してください。

　汚しやすい子には使い捨てと割り切って、ティッシュの箱を半分に切ったもの（ビニール部分は取り除く）などを使う方法もあります。

Chapter 3　ハムスターの住まい作り

巣箱（寝床）

木製
ウッドハウス（プチ丸太）／
三晃商会

陶器製
ゴールデンハムスターのおへや／
マルカン

素焼き製
テラコッタトンネル（S）／
三晃商会

プラスチック製
小動物用プラスチックハウス／
ファンタジーワールド

布製
ポケハムベッド ねぶくろ／
マルカン

053

The Hamster　　　　House

食器、給水ボトル

　食器は、乾燥した食べ物用と水分の多い食べ物用の2種類を用意しておきましょう。重さがあってひっくり返しにくく、衛生的に使える陶器製がおすすめです。人用の食器（ココット皿など）を使うこともできます。また、金網に取り付けるタイプの食器もあります。

　食器の中に床材などが入ってしまう場合は、レンガや厚い板を横にして置き、その上に食器を乗せる方法もあります。

　飲み水は給水ボトルで与えましょう。排泄物や床材、食べかすなどで水が汚れないので衛生的です。金網に取り付けるタイプや、床に置いて使うタイプがあります。設置したら、ボトルからきちんと飲めているか確認しましょう。また、ボトルの飲み口が低いと床材で埋もれたりしますから、よく見てあげてください。

　どうしても給水ボトルを使えない子には、食器同様に重くてひっくり返しにくく安定性のある容器で水を与えますが、水はこまめに交換してください。

食器

陶器製
ハッピーディッシュ（ラウンド・S）／三晃商会

ステンレス製
ハンガー食器プチ／マルカン

給水ボトル

取り付け式
イージーボトル30／三晃商会

置き型式
ハッピーサーバー／三晃商会

取り付け式
ウォーターボトル ST-120／マルカン

トイレ、トイレ砂

ハムスターは決まった場所にオシッコをする習性があるので、トイレを教えることもできます（82ページ参照）。

トイレ容器はハムスター専用のものが市販されています。プラスチック製で屋根付きのものが一般的です。

トイレ砂も市販されています。紙や木、おからなどを固めたもの、砂、ゼオライトという鉱物などいろいろな種類があります。濡れると固まるタイプは掃除に便利ですが、オシッコで濡れた生殖器にくっついて固まってしまったり、頬袋に入れたりすることもあるので、固まらないタイプを選ぶと安心です。

ハムスターの排泄場所が一定ではないときは、トイレ容器を置かず、排泄しそうな場所（ケージの四隅など）にトイレ砂を敷く方法もあります。

また、トイレ容器はハムスターが砂浴びするときの容器にもできます。トイレ用とは別に用意してもいいでしょう。

トイレ

プラスチック製
ゴールデンハムスターの快適トイレ／三晃商会

プラスチック製
ゆったりコーナートイレ／マルカン

プラスチック製
ハムスターのトイレ／ファンタジーワールド

トイレ砂

ゼオライト、木粉
セーフクリーン（ハムスター・リス用）／三晃商会

紙製
ペーパートイレ砂／マルカン

サイズに合ったものを選んでね

Chapter 3　ハムスターの住まい作り

The Hamster House

おもちゃ類

■ **回し車は安全性を確かめて**

回し車はハムスターの定番おもちゃです。選ぶ際にはサイズと安全性を確認しましょう。サイズは個体の体格にもよりますが、大人のジャンガリアンハムスターで直径15cmくらい、大人のゴールデンハムスターで直径20cmくらいを目安に、その子に合ったものを選んでください。径が小さすぎると走っているときにずっと背中が反った状態になり、背骨に負担がかかります。ハムスターが成長して、回し車が小さくなったと思ったら、買い替えてあげましょう。

安全面では、走る場所がはしご状だと足を踏み外しやすく危険です。網目になっていたり、板状だといいでしょう。細かい隙間があると爪を引っ掛けたりすることもあるので、使っている様子をよく見てあげてください。

■ **選ぶのも楽しいおもちゃ**

そのほかのおもちゃ類としてはチューブやトンネル、アスレチック、かじり木などもあります。

砂浴びは、特にジャンガリアンハムスターがよく行います。砂浴び用の砂が市販されているので、手頃な容器に入れてあげましょう。

回し車

自立タイプ
サイレントホイール15／三晃商会

アスレチック
(かじり木)

木製
かくれんBOX／
マルカン

木製
あっちもこっちも
かじり木スタンド／
マルカン

砂浴び
用品

プラスチック製
バス・ハウス
(ドワーフハムスター用)／
三晃商会

トンネル

プラスチック製
エルパイプ
(2ヶパック)／
三晃商会

砂浴び用の砂
バスサンド
(ハムスター用)／
三晃商会

ポリエステル布製
ハムスター用トンネル／
ファンタジーワールド

楽しそう！

そのほかの飼育グッズ

キャリーケース：

ハムスターを動物病院などに連れていくときや、住まいの掃除のために移動させておくときなどに使います。体調が悪いときの一時的な看護場所としても使えます。

キャリーケースとして市販されているもののほか、小さいプラケースやケージを使うこともできます。あまり広いよりも狭めのほうが落ち着きます。床材を厚く敷いたり、かじらない子ならフリースの寝床を置き、移動時に落ち着いていられるようにしましょう。

季節対策グッズ：

冬にはペットヒーターを用意します。底に置くもの、天井に付けるものなどいろいろな種類があります。夏は体をひんやりさせてくれるアルミボードや大理石ボードなどがあります。

温度計・湿度計：

ハムスターが実際にいる場所に近いところで温度や湿度を計りましょう。住まいの置き場所によっては、人が感じる温度との差があります。必ず数値で確認してください。

体重計：

定期的な体重測定に使います。0.5g単位で量れるデジタル式のキッチンスケールがいいでしょう。

ペットサークル：

ハムスターをケージから出して遊ばせたいときに。市販のハムスター用のほか、網などを購入して手作りできますが、安定性があって隙間から脱走しないものを作ってください。

温度計

湿度計

体重計

ほっとハム暖リバーシブルヒーター／マルカン

涼感大理石（S）／三晃商会

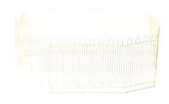
ジャンガリアンのプチサークル／ GEX

ミニプチキャリー／ファンタジ　ワールド

The Hamster　　House

住まいをセッティングしてみよう

タイプ別セッティングの例

ハムスターの住まいの例を紹介してみましょう。水槽タイプ、金網タイプのそれぞれで使っている飼育グッズは、どちらにも使用できるものもあります。

Chapter 3　ハムスターの住まい作り

水槽タイプ

巣箱はケージの奥に置く。

天井に蓋がない水槽の場合は必ず蓋を乗せる。

底には厚く床材を敷き詰める。

トイレ容器は四隅のどこかに設置する。

食器は給水ボトルの水が垂れない位置に。

給水ボトルを床に置く場合は、飲み口に床材がつかないか気をつけて。

058

The Hamster　　　House

住まいの置き場所

快適さと安全性を考えて

ハムスターは、住まいの置き場所がどんなに不適当だとしても、出ていくことができません。家庭によって住まいを置ける場所は限られていることもあるでしょうが、その中でもよりよい場所をハムスターのために選んであげてください。

■ 落ち着く場所

四方から住まいの中をじろじろ見られないよう、一面は必ず壁沿いになるように置きましょう。

ただし、家具と家具の隙間のような場所は空気がこもりやすかったり、ほこりがたまりやすかったりするので、置き場所としては不適当です。

■ うるさくない場所

日常の生活騒音（通常の足音や食器のガチャガチャいう音、騒がしくないテレビの音など）程度は構いません。気をつけたいのは、テレビやステレオの大音量や振動です。隣室にテレビが置いてあったり、壁の向こうに排水管があっても音は響きます。

■ 極端な温度にならない場所

窓ガラス沿いや、よく開閉するドアのそばなどは、冬は寒く、隙間風が入りますし、直射日光が当たれば夏は暑くなります。暑すぎたり寒すぎたりする場所や、温度差が大きい場所は向いていません。

住みやすいお家をおねがいね

また、エアコンから吹き出す風が当たるような場所もよくありません。

■ 目が行き届く場所

部屋の真ん中に置いていつもじろじろ見ているのはだめですが、いつもと違う物音がしたらすぐ見られたり、通りがかりに元気な様子を確かめられたりするような場所がいいでしょう。

■ 昼は明るく、夜は暗い場所

体内時計が正常に動くには、一日の半分が明るく、半分が暗いという明るさのリズムが必要です。リビングなど、夜も明るい場所に置くときは、夜遅くなったらカバーをかけるなどして、暗くなるようにしてください。

■ 犬や猫がいない場所

犬や猫、フェレットなどのにおいは、ハムスターを不安にさせます。ハムスターの住まいは、彼らのいない部屋に置きましょう。

■ ものが落ちてこない場所

地震対策も考えましょう。家具が倒れてきたり、高いところに置いてあるものが落ちてくることはないか、ガラス窓が割れたときにハムスターの住まいに落下しないかなどの点にも配慮してください。

【おすすめの置き場所の一例】
リビングの壁沿いで、外の明るさは感じられますが、日差しは直撃しない場所。床には直接置かないことで、冬場の冷え込みの対策にもなります。

わが家のアイデア 飼育環境編

日々の飼育に取り入れている工夫を飼い主さんが教えてくださいました。

ラックに並べたケージ。状況に応じて置き場所を変えます。（サマンサさん）

ケージの配置は世話のしやすさを考えて

複数のケージをラックに並べていますが、季節によって高齢の子のケージをラックの中央段に置くようにしています。床に近いと冷え込みやすいといった温度調整の関係もありますが、世話をスムーズにしやすいことも考えてのことです。

投薬の必要な子が何匹かいるときは、動線を考え、ラックに縦に並べて配置していました。また、いつでも介護ができるよう、シリンジやカテーテルなどのグッズを動物病院で入手し、備えています。

（サマンサさん）

▲ミルクを飲ませるときは、お湯を張ったマグカップも用意。ミルクピッチャーに入れたミルクを湯煎で温めてあげています。

◀介護用品は準備万端だから安心だよ！

自作の展望台（遊び場）を作りました

床材にオガクズは使わず、衛生面と動きやすさを考えて人工芝を敷いています。先代のジャンガリアンハムスターのチロルが、巣箱やトイレの屋根に登っては人工芝の床に降りるという遊びをよくしていたので、展望台（遊び場）を自作しました。展望台を支える台座は11×11cm、高さは約7cm。ホームセンターで購入したヒノキの板を切ったり削ったりして基本型を作り、装飾として丸太を接着。丸太は松林で拾ってきた松。枝の皮をはいで、カット面を紙ヤスリで磨くときれいに年輪が出ます。見た目と滑り止めのため、ジオラマ制作で草地の表現として使う、天然木のパウダーを接着。足を引っかけてケガをしないように隙間を作らないことに気を付けて制作しました。今の子も夜中になるとホイールで走っては展望台に登ってを繰り返しているので、喜んでいるようです。

（フレットさん）

◀天然の素材を使って、展望台を手作り。

草原にいるみたいでしょ。▼

▲まわりがよく見えて楽しいよ。

The Hamster
Food of the hamster

chapter 4

ハムスターの食事

The Hamster　　　　Food

基本の食事

毎日与えるもの

ハムスターの食事は大きく主食のペレット、副食の野菜、果物に分けられます。毎日、バランスよく与えましょう。

ペレット

ハムスターの主食は、ペレット（ハムスターフード）です。さまざまな原材料で作られ、ハムスターに適した栄養バランスが1粒ずつに含まれています。

野菜

副食として野菜を少しずつ、同じものばかりにせず、数種類を与えましょう。ビタミンやミネラルが豊富ですし、食べてくれる食材が多いのはいいことです。

▲ ハムスターの一日分の主食と副食の例

果物

甘い果物は、ハムスターの大好物のひとつです。食べすぎにならないようにしましょう。おやつとして手から与えるのもおすすめです。

その他の食べ物

副食のひとつとして動物性の食べ物や穀類も与えます。手軽な動物性の食べ物としては煮干しやチーズがありますが、塩分のないペット用のものを選びましょう。また、ハムスターといえばヒマワリの種が思い浮かびますが、カロリー過多となるので、とっておきのおやつと考えてください。

ハムスター専用のペレットを食べさせてね！

与える量

ハムスターに与える食事の量は、一日あたり体重の5〜10％が目安となります。ペレットによってカロリーの違いがありますから、まずはペレットのパッケージに記載されている推奨量を与えることをおすすめします。

副食やおやつをたくさん与えすぎると、そのぶんペレットを食べなくなってしまいます。副食はごく少量から与えるようにして、ペレットの食べ残し具合を見ながら調整しましょう。

与える時間と回数

夜行性のハムスターには、夕方から夜にかけて一日1回、与えるのが基本です。夜に与える時間が遅くなりそうなときや、食べ飽きやすい子、一度にたくさん食べない子などは、一日2回にしてもいいでしょう。この場合、一日に与えるべき総量を必ず2回分に分けるようにし、一日分の量を2回与えることのないよう気をつけてください。

手の上で食べるキャベツ、サイコー☆

食べているかの確認

ハムスターは、食べ物を貯蔵する習性があります。毎日しっかりと食事を摂っていても、巣箱の中やケージの隅などに食べ物を運び、隠しておいたりします。隠した食べ物はあとで食べることもありますが、そのまま食べずにおくことも多いです。季節によってはいたみやすく、排泄物がついて不衛生になりますので、毎日の掃除のときに取り除きましょう。

▲ 食事量はペレットのパッケージを参考に。太ったかな、と思ったらまず副食を見直します。

Chapter 4 ハムスターの食事

The Hamster　　　Food

ペレットの選び方

ハムスターのために作られた主食

ハムスターの主食は、ペレットです。ペレットは、それと水だけを与えていれば、ハムスターの健康を維持して飼育できるように作られているもので、多くの種類が販売されています。ハムスターの体格や年齢に合った、よりよいものを選びましょう。ペレットを選ぶ際に確認したいのは以下のような点です。

ペレットを選ぶ際のチェックポイント

□ミックスタイプではないもの
ペレットのほかに嗜好性の高い食べ物が混ざっていると、ハムスターがそれを先に食べてしまい、ペレットを食べないこともあります。主食には、ミックスタイプではないものを選びましょう。

□食べやすい大きさのもの
大粒のものはジャンガリアンハムスターなど小柄な種類には大きすぎることがあります。

□ハードかソフトかは好みで
ハードタイプは、気泡を含まず原材料をぎゅっと固めてあるものです。ソフトタイプは、製造過程で気泡が入るので、比較的砕けやすいものです。ソフトといってもふにゃふにゃと柔らかいわけではなく、どちらもハムスターに与えるのに問題はありません。

□パッケージの表示をチェック
成分表示を確認しましょう。一般的に、大人のハムスターに適した栄養価はタンパク質18％、脂質5％、繊維質5％です。成長期や妊娠中であれば、これより高タンパクなものを与えます。その他、原材料、賞味期限や消費期限、与える量、製造社名などがきちんと記載されているか確認します。

□包装単位が小さいものを選ぶ
ペレットは開封して空気に触れると劣化が始まります。ハムスターが一度に食べる量はわずかなので、小分けにしてあるものなど、包装単位が小さいものがおすすめです。

□複数種類を使う
日頃から何種類かのペレットに食べ慣れさせると安心です。ハムスターは食べ飽きる、製造ロットが変わって食べなくなるなど、ペレットの食べ方にムラがあります。また、災害時など、いつもとは違うペレットを与えねばならない状況への備えにもなります。

ペレット選びのヒント

　比較的入手しやすいハムスター用ペレットの一部を、粒の大きさとタンパク質の量で分けて並べました。成長期やダイエット用など、その子の状況に応じたペレット選びをしましょう。

ハムスターに与えることのできるペレットのひとつに実験動物用飼料（マウス・ラット・ハムスター用）があります。

Chapter 4　ハムスターの食事

The Hamster　　　　Food

副食の選び方

ハムスターの心の健康のためにも

ハムスターには、ペレットのほかに副食として、野菜、果物、穀類、動物質の食べ物も与えるといいでしょう。

よいペレットを与えていれば栄養面での不足はありませんが、新鮮な食材からはビタミンやミネラルが得られます。また、何といっても本来ハムスターが自然界で食べていたものにより近い食材ですから、ハムスターを精神面でも満足させてくれるでしょう。

また、ハムスターが食べてもいい食材の範囲内で、できるだけいろいろなものを食べ慣れておくことはとても大切です。病気で食欲がないときに、「これなら食べてくれる」というものがあると心強く、薬を飲ませるときに使うこともできます。

副食の与え方

副食の与えすぎで栄養バランスを崩すことのないようにしましょう。

毎日必ず与えなくてはならない、ということはありません。一日に数種類を少しずつでもいいですし、月曜はリンゴ、火曜はキャベツ……というように日替わりで与えるのでもいいでしょう。

ハムスターは警戒心が強いので、大人になってから、突然、食べたことのないものを出されると食べないことがあります。幼い時期には、まずペレットを食べることに慣らしてほしいのですが、そのあとは少しずついろいろなものを与えるようにし、目新しいものを警戒しないで食べることができる子にしておくといいでしょう。

▲ 副食ばかりを食べて主食のペレットを残すのは困りもの。副食の内容を見直しましょう。

野菜

ビタミンやミネラルが豊富です。緑黄色野菜や根菜を中心に、キャベツ、コマツナ、チンゲンサイ、ダイコンの葉、カブの葉、ブロッコリー、ニンジン、サツマイモ、カボチャなどを与えましょう。

ニンジン

コマツナ

サツマイモ

キャベツ

お野菜ウマウマ……少しずつ、いろいろな種類をあげてね

果物

果物はビタミンCの補給源です。ただし糖分が多いので、あげすぎにはくれぐれも注意。リンゴ、バナナ、イチゴ、ブルーベリー、ナシ、カキなどがおすすめです。柑橘系を与える場合はごく少量にしましょう。

リンゴ

ブルーベリー

バナナ

イチゴ

Chapter 4 ハムスターの食事

The Hamster   Food

動物質の食材

野生下では昆虫なども食べているので、動物質の食材も好みます。カッテージチーズ、ゆで卵、ゆでささみ、カリカリタイプのドッグフードやキャットフード、ミールワームを少量与えるといいでしょう。チーズや煮干しはペット用を選びます。

カッテージチーズ

ドッグフード

ゆで卵の卵黄

煮干し

そのほかの食材

雑穀（ハト餌や小鳥用配合飼料など）、野草（タンポポやオオバコなど）などのほか、ハーブ（ミントやバジルなど）や、小動物用のドライ食材（乾燥野菜、乾燥果物、乾燥野草）なども与えられます。

いろいろおいしそうだなあ

雑穀（ハト餌）   雑穀（エンバク）

ドライ食材（リンゴ）   ドライ食材（ブロッコリーの葉）   ハーブ（バジル）   雑穀（小鳥用配合飼料）

ここに書いていないさまざまな食材の中にもハムスターが食べてもいいものがあります。毒性がないか、お腹をこわさないかなどに注意して選んでください。ハムスターに与えてはいけないものを74ページで紹介しています。

Chapter 4　ハムスターの食事

飲み水の与え方

飲み水は毎日必ず与えよう

■ いつもきれいな水を用意するには

ハムスターには毎日、新鮮な飲み水を必ず与えてください。乾燥した地域出身の動物ですが、水分は必要です。生野菜など水分の多い食べ物を多く与えていると、水をあまり飲まないこともありますが、飲みたいときには飲めるようにしておきましょう。

水を与えるには給水ボトルを使うといいでしょう。排泄物や床材のかす、食べ残しなどで水が汚れることがないというのはもちろん、どのくらい飲んだのか飲水量もすぐに把握できます。

■ どのような水を与えるか

水は水道水で問題ありません。日本の水道水は水質基準が厳しいので、安心して与えることができます。

カルキ臭などが気になる場合は、汲み置きをしておく方法があります。なるべく口径の広いボウルなどの容器に水を入れ、日当たりのいい場所に一日置いておきます。また、湯冷ましを与えることもできます。お湯をわかし、蓋を開けてしばらく沸騰させておいたのち、冷めたものを与えます。これらはカルキ分が抜けている分、水質が悪くなりやすいので、夏場はこまめに交換しましょう。

浄水器を使う場合はフィルター交換をこまめに行いましょう。

ミネラルウォーターを与える場合は、硬水か軟水かを確かめてください。硬水はミネラル分が多いので適していません。硬度の低い軟水なら与えていいでしょう。

▲ 新鮮な水道水は安全安心です。カルキ臭が気になるようなら汲み置きか湯冷ましで。

The Hamster　　　Food

おやつの与え方

おやつを与えるメリット

　私たち人間は、主食とおやつを別々に考えますが、ハムスターは「主食だからちゃんと食べなきゃ」「おやつはご飯のあとで」とは考えてくれず、おいしいかどうかが大事です。ですから人のほうで気をつけてあげる必要があります。

　おやつ（おいしいもの）を特別に用意するメリットはいくつかあります。ハムスターにとっては、おやつをもらうのはとてもうれしいことでしょう。人にとっては、ハムスターを慣らすときに利用できるというのが第一のメリットです。ですから、おやつは必ず手から与えるようにします。

　食欲が落ちているとき、おやつが食欲回復のきっかけになることもあります（病気の可能性があるので、食欲不振が続くときは病院の診察を受けましょう）。また爪切りなどハムスターにとっていやなことをしたあとのおやつは、気分転換になるでしょう。

■ **おやつのメニュー**

　毎日のコミュニケーションをとるときに与える「デイリーおやつ」と、特別なときに与える「スペシャルおやつ」を分けて考えましょう。

　デイリーおやつは、その日の食事の中から特に好きなものを取り分けて、手からおやつとして与えるようにしましょう。もしペレットが大好きなら、ペレットをデイリーおやつとしてもいいのです。

　スペシャルおやつとは、たくさんあげすぎないほうがいいけれどハムスターが大好きなもの、ヒマワリの種やクルミなどの種実類、ナッツ類などです。

▲ おやつは、飼い主との関係をよりよくするアイテムとして使うことができます。

おやつの注意点

ときどき食べるから、おいしさにテンションMax☆

一番気をつけなくてはならないのは、与えすぎないということです。そのためにも、デイリーおやつは、一日に与える食事の中からおやつ分として少し、取り分けるようにします。

ヒマワリの種やナッツ類は脂肪分が多く、また果物は糖分が多いために、与えすぎると肥満の原因になります。ハムスターにおねだりされても、むやみに与えてはいけません。スペシャルおやつとして上手に活用しましょう。

ヒマワリの種

アーモンド

クルミ

スペシャルおやつは、おいしいけど脂肪分が多くてね

Chapter 4 ハムスターの食事

▲ スペシャルおやつを欲しがるままにあげていると困ったことに……！

ハムスターに与えてはいけないもの

安心して食べさせられるものを

■ 中毒を起こす危険があるもの

ジャガイモの芽、ネギ類（タマネギ、長ネギ、ニンニクなど）、チョコレート、バラ科植物（リンゴ、サクランボ、モモ、アンズ、ビワなど）の種子、生の大豆、カビが生えたピーナッツの殻などには毒性が知られています。

また、ホウレンソウやワラビなど人が食べるときアク抜きしないと食べられないものは与えないようにしましょう。

■ 健康に悪影響のあるもの

味つけがしてあるような人間の食べ物（惣菜やお菓子など）、ジュースやお酒などは与えてはいけません。また、カビが生えた食べ物、腐敗した食べ物も与えないでください。

大人になると乳糖が分解できず、牛乳を与えると下痢することがあります。牛乳を飲ませる場合は、ペット用ミルクを飲ませてください。

■ 与え方に注意が必要なもの

水分の多い野菜や果物を急にたくさん食べると軟便になることがあります。また、熱すぎるものや冷たすぎるものは避け、加熱・冷凍したものは、常温になってから与えましょう。

初めて与える食べ物は、ごくわずかな量だけを与えて様子を見るようにしてください。食べたことのないものをいきなり大量に与えないようにしましょう。

ペット用、ハムスター用として市販されている食べ物の中には、糖分や脂肪分が多すぎる、歯についてべとつくなど、ハムスターに向いていないものもあります。ハムスター用と書いてあっても、「あげても大丈夫かな？」と考えるようにするといいでしょう。

タマネギ
長ネギ
ジャガイモの芽
チョコレート

食事のトラブルシューティング

ハムスターの食事はずっと同じでいい？

成長期のハムスターには、高タンパクな食事を与えましょう。市販のペレットに「グロース」という表示があれば、それが成長期用です。副食として動物質のものも与えるといいでしょう。少しずついろいろな食べ物を与え、慣らしていく時期でもあります。

高齢になると運動量が減るので、若いときと同じものをずっと与えていると肥満になることがあります。主食を低カロリー、低タンパク質のペレット、または「ライト」と表示されているペレットに徐々に切り替えるようにしましょう。さらに年齢が進むと筋肉が落ちて、歯が悪くなって食が細くなり、痩せてくることもあります。獣医師と相談しながら、ペレットをふやかして食べやすくする、栄養価の高い副食を与えるなどの工夫も必要になってきます。

買ったペレットがなかなか減らない

特にジャンガリアンハムスターでは、一日に与える量はわずかですから、なかなか減りません。ペレットをきちんと保管することが大切になります。チャック付きのパッケージなら、中の空気を抜くようにしながらきちんとチャックを閉じましょう。チャック付きではないなら、密閉できる袋や容器に移し替え、乾燥剤を入れて保管しましょう。

いずれも日の当たらない涼しい場所に置いてください。

ペレットを変えたら食べない

ペレットの種類を切り替えるときは、急に新しくするのではなく、徐々に変えていくようにしましょう。前から与えているペレットの量を少しだけ減らし、減らした分だけ、新しいペレットを加えます。その割合を少しずつ変えていき、時間をかけて新しいペレットに切り替えるのがいい方法です。

さて巣箱に帰ってゆっくり食べようっと

COLUMN

わが家のアイデア 食事編

毎日の食事に取り入れている工夫を飼い主さんが教えてくださいました。

好き嫌いのはっきりしていたスーちゃん。
（ほげまめさん）

個性に応じた食事の与え方

ジャンガリアンハムスターのスーちゃんは好き嫌いがとてもはっきりしていました。特に野菜のサイズにはこだわりがあり、好物でも大きすぎたり食べにくい状態だと食べません。ほかの子に野菜をあげるときは乾燥しにくいように大きめにしていましたが、スーちゃんは特別。手に持って食べられるようにキュウリやニンジン、カボチャなどは小さく切り、

◀食べやすくカットしたりと手をかけたごはん。

とうもろこしは一粒ずつに。小松菜などの薄い葉物はちぎってくるくるまるめて渡すと上手に持って食べていました。いろいろ手はかかりましたが、とてもかわいいハムスターでした。（ほげまめさん）

高齢の子には食べたがるものを

食事は、食欲のある元気な子にはペレットがメインで、少量の穀物、種子類、少量の野菜を与えています。食欲の落ちた高齢の子には、基本的に食べたがるものを食べさせます。高齢の子が好むのは、ムッキービット、スタミノン、カボチャの種、市販のペット用フリーズドライ豆腐などです。アミノゼリーは乳酸菌飲料のような甘い匂いがして、老ハムにも食べやすいようです。夏場に食欲が落ちた

食欲が落ちたときは食べたがるものをあげています。▼

ハート型のお豆腐の上に細かくした葉物をトッピング。▼

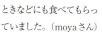
ときなどにも食べてもらっていました。（moyaさん）

ペレットは2〜3種類をブレンドで

主食のペレットをベースに、乳酸菌サプリ、ほかには野菜や果物、種子・穀物類をそのときどきによって与えています。ペレットは良質なもの2〜3種類をブレンドします。成分や原材料も異なれば特徴も違うので、より豊富な要素を摂れるのではないかと期待してのことです。食事のバラエティを楽しんでもらえたらいいな、とも思っています。また、その子が一番好きなものを把握しておけば、不調時や高齢期の食欲増進に役立てられることもあります。成長

ペレットは2〜3種類をブレンドしています。▼

ぼんぼりさん宅のハムちゃんの大好きな粟穂。▼

期や肥満傾向のある子は、それぞれに合ったペレットをより多めにしています。（ぼんぼりさん）

The Hamster
Care of the hamster

chapter 5
ハムスターのお世話

The Hamster　　Care

毎日のお世話

お世話は大切な日課

　ハムスターを健康に飼うためにも、衛生管理のうえでも、毎日のお世話をきちんと行うことはとても大切です。主なものとしては「汚れたところをきれいにする」「食事の用意をする」「健康管理をする」「コミュニケーションをとる」などがあり、どれも大切なことばかりです。

■ お世話の手順も個性を見て

　ここでは、毎日のお世話の一例を紹介しますが、個体や飼い方によって日々のお世話には違いがあります。たとえば、もしハムスターがトイレを覚えていなくてケージのあちこちにオシッコしてしまう場合や水の与え方が給水ボトルでなくお皿である場合は、よりこまめに床材や水を交換することになるかもしれません。環境と自分に合った一番いい手順を考えましょう。

　なお、すでに飼っているハムスターのほかに新しくハムスターを迎えた場合は、すでに飼っているハムスターの世話を先に、病気のハムスターと健康なハムスターがいる場合は、健康なハムスターの世話を先にするようにしてください。感染性の病気が広がるリスクを下げるためです。

■ 掃除の程度は「こぎれい」がベスト

　ケージ内の毎日の掃除で気をつけてほしいのは「きれいにしすぎない」ということです。ハムスターは自分のにおいがしないと落ち着きません。毎日の掃除では、汚れたところだけを取り除き、こぎれいにする程度がベストです。

毎日やるお世話の一例

食器の掃除
前の晩に入れた食器を取り出して、食べ残しがないかどうかを確認します。

トイレ掃除
汚れたトイレ砂を捨て、補充します。このときフンやオシッコに異常がないかチェックを。

食事のお世話
食事を準備してケージの中に。このときのハムスターの反応で、食欲があるかどうかを確認することができます。

水の交換
給水ボトルの水を交換します。減っていなくても必ず毎日、新鮮な水に。

体のチェック
体をなでたりしながら、健康チェックをしましょう。体の動きが異常でないかも見てください。

ハムスターとふれ合う
ハムスターとのコミュニケーションタイム。その子の慣れ具合に応じて行ってください。

床材の部分交換
床材が排泄物などで汚れていたら、その部分を捨てて補充しておきます。

巣箱の点検
生野菜や果物を巣箱に隠すハムスターもいます。これらは点検して捨てるようにしましょう。

The Hamster　　Care

ときどきやるお世話

週末や月末に時間をとる

時間がかかるお世話や、ときどきにしておいたほうがいいお世話は、週末、月末などに時間をとって行うようにするといいでしょう。

ここで挙げたほかにも、回し車や巣箱などの飼育グッズが汚れてきたら洗うようにしてください。木製品は天日干しをするなどして十分に乾かしましょう。

なお、ケージ全体をきれいにする際に気をつけたいのは、前述のようにハムスターのにおいをすべて消してしまわないことです。たとえば、ケージを丸ごと洗う日と飼育グッズを洗う日は別にするなどの方法があります。

また、ハムスター用の避難グッズ（89ページ参照）を用意しているならその点検をし、フードなどは新しいものに替えるなどの管理も必要になります。

ときどきやるお世話の一例

床材すべての交換
トイレを覚えているハムスターでも、フンはあちこちですることがよくあります。ときどき、床材をすべて新しいものに取り替えましょう。毎週〜月に2回くらい。

ケージ全体を洗うときは、ハムスターをキャリーなどに移してね

ケージを丸ごと洗い
ケージ全体を洗います。細かいところは歯ブラシでこすり洗いするなど、丸ごと洗うときにはしっかりやりましょう。洗剤は使わなくてもいいですが、使った場合は十分にすすぎ、乾いてからハムスターを戻します。可能なら天日干しを。月に1〜2回。

給水器や食器を清潔に
給水ボトルはきれいに見えても水垢などがついていることがあります。洗浄ブラシなどを使ってこすり洗いしましょう。漂白する場合は、赤ちゃんの哺乳瓶用漂白剤を使い、よく洗い流して。食器もあわせてきれいにします。月に2回くらい。

定期健診の習慣をつける
健康管理の一環として、年に1〜2回、動物病院で健康診断を受けておきましょう（ハムスターを診てもらえる動物病院の探し方は108ページ参照）。

季節を先取りして準備を
次の季節のための対策は早めに行っておきましょう。秋も半ばをすぎると冷え込む日もあります。ペットヒーターが正常に動くか点検するなどの準備を。

体調変化や季節の変わり目のトラブルを防ぐのは、定期的なお世話なんだね

Chapter 5　ハムスターのお世話

The Hamster　　　Care

快適生活のポイント

トイレのしつけ

トイレを覚える子は多いよ

ハムスターはもともと、決まった場所で排泄をする習性があります。そのため、トイレ容器を置いてそこで排泄させるのは可能です。個体差もあるのでどうしても覚えてくれない子もいますが、試してみる価値はあります。

■ **トイレトレーニングの一例**
1. トイレ容器を、トイレを置きたい場所（ケージの隅）に置いておきます。トイレ砂を入れておきましょう。
2. ハムスターのオシッコがついた床材やティッシュなどをトイレ容器に入れます（右図参照）。
3. オシッコのにおいがするので、トイレでオシッコするようになります。
4. トイレ以外の場所でオシッコしたら、ペット用の除菌消臭剤で念入りに拭き、においを残さないようにします。
5. 2～4を繰り返しますが、どうしても別の場所でオシッコするようなら、その場所にトイレ容器を置きましょう。

どうしてもトイレ容器を使わない場合もあります。そのようなときは無理強いしたりイライラしたりせず、あきらめたほうがいいでしょう。

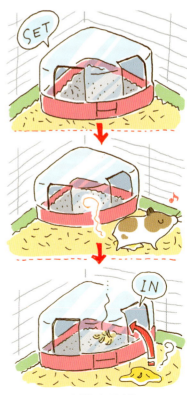
▲ オシッコのついた床材はトイレ容器へ

におい対策

　毎日のお世話をきちんとしていれば、気になるほどのにおいはしませんが、トイレ以外の場所でもオシッコしていると、どうしてもにおいが残ったり、ハムスターの体臭が気になる場合もあります。

　そのようなときは、掃除の際に除菌消臭剤を使うといいでしょう。ハムスターが舐めたりすることもあるので、ペット用を使い、よく拭き取るようにしてください。

　巣箱にオシッコが染み込んでいたり、回し車の隙間に入り込んでいたりすることがあります。個体によっては、こうした飼育グッズの掃除をよりこまめに行ったほうがいいケースもあります。

　ハムスターのいる部屋の掃除はこまめに行い、空気清浄機を置いておくのもひとつの方法です。

ヒノキア
除菌消臭剤
（GEX）

天然消臭
快適持続ミスト
（マルカン）

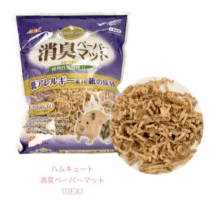
ハムキュート
消臭ペーパーマット
（GEX）

Chapter 5　ハムスターのお世話

自分の
においが好き
なんだけどな…

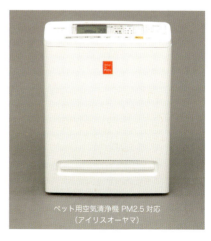
ペット用空気清浄機 PM2.5 対応
（アイリスオーヤマ）

The Hamster Care

暑さや寒さの季節対策

暑さ・寒さへ備えよう

ハムスターを飼うときは、季節に応じた対策が必要です。ハムスターは野生下では、暑いときや寒いときは地下に作られた巣の中ですごします。地下の巣の中は、比較的すごしやすい温度で一定になっているのです。

しかし家庭で飼われているハムスターは、暑くても寒くても逃げ場所がありません。温度管理を適切に行わないままだと、熱中症や低体温症になるおそれがあります。また、病気にならないまでも体力を奪われます。ハムスターがすごしやすい温度や湿度のもとで、飼育してください。

春や秋の対策も必要

春は暖かくなってきたかと思えば急に寒さが戻ってきたり、秋は涼しいかと思えば暑さが戻ったり、冷え込んだりと、温度差がとても大きい時期です。エアコンをつけないで出かけたら、日中はとても暑くなってしまったというようなこともあります。そういった意味では、春や秋は夏冬以上に温度管理に気を遣わなくてはなりません。

急に寒くなったときのためにペットヒーターをすぐ使えるようにしておき、出かけるときは天気予報を必ず確認して温度対策をするなど、気温による事故を防ぎましょう。

季節対策のチェックポイント

一年を通じて心がけておきたい季節対策です。

☐ 夏は25℃以下、冬は20℃以上の飼育環境を心がけましょう。

☐ ハムスターが実際にいる場所のなるべく近くに温度計・湿度計を設置して温度管理を。

☐ エアコンからの送風がハムスターのいる場所を直撃しないように気をつけて。

☐ 食欲や元気のよさなどもよく観察し、適切な温度管理ができているか確認しましょう。

ハムスター自身が暑さ・寒さから逃れられる工夫をね！

暑さ対策

夏はエアコンで温度管理をします。日本の夏は非常に暑く、ほとんどの地域ではエアコンなしでハムスターを飼うことは難しいでしょう。ケージ内の暑さ対策グッズには、小動物用の大理石ボードやアルミボード、陶器製の巣箱などがあります。湿度が高いと不衛生になりやすいので、掃除はこまめにし、生野菜や果物などの食べ残しは早めに回収します。

水槽タイプのケージは暑さがこもりやすいので、夏は金網タイプで飼うという方法もあります。

ひんやりしたさわり心地なんだ

寒さ対策

冬はエアコンで温度管理をし、必要に応じてペットヒーターを使いましょう。ペットヒーターは、飼育ケージの全体ではなく一部だけが暖かくなるように設置してください。ハムスターが自分で快適な場所を選べるのが最適です。ペットヒーターには、ケージの下に敷く、ケージ内に敷く、側面に取り付ける、天井に取り付けるなど、いろいろな種類があります。使いやすいものを選びましょう。

夏とは逆に、水槽タイプの飼育ケージのほうが暖かいので、冬は水槽タイプで飼うのもいいでしょう。

この上にいると暖かくすごせるよ

Chapter 5　ハムスターのお世話

The Hamster Care

ハムスターの留守番

日常の留守番

仕事や学校などのために家族が外出するときは、ハムスターだけで留守番をすることになります。普通の飼育管理をしていれば特に問題はありませんが、前ページで説明したように春や秋で一日の気温差が大きいときはタイマーでエアコンを使ったり、冬なら巣材をたっぷり用意するなど、温度管理に注意しましょう。

ハムスターには夜に一度だけ食事を与えれば問題ありませんが、急な残業などで帰りが遅くなる可能性があるなら、朝にも食事と水の用意をするなどの対応も必要になるでしょう。一緒に暮らす家族との情報共有も大切になります。

旅行など長めの留守番

旅行や帰省、出張などで家を留守にするときは1〜2泊くらいであればハムスターだけで留守番させても問題ないでしょう。ただし、ハムスターが健康であることが条件です。高齢だったり病気のハムスターを留守番させなくてはならないとき、また、健康な子であっても留守番の日数が長いときは、世話をしに人に来てもらったり預けるなどの方法を考えましょう。

▲ ハムスターを留守番させるとき。温度管理はエアコンで行い、給水ボトルは2つ設置すると安心です。ペレットは多めに入れてあげましょう。

長い留守番の気をつけたいチェックポイント

- ☐ 温度管理は必ずエアコンを使って行います。
- ☐ 水は給水ボトルで与えます。飲み終わってしまったりボトルを落としたりしたときの予備として2つ付けておくと安心です。
- ☐ 食べ物はやや多めに用意しておきましょう。いつも生野菜や果物を与えている場合でも、留守番させるときは控えます。残したものが傷み、それを食べてしまうのを避けるためです。

世話をお願いする

2泊以上の留守番になる場合などは、できれば誰かに世話を頼みましょう。

■ 知人にお願いする

知人などに世話をお願いする方法もあります。あらかじめ、やってほしい世話の内容や費用をどうするかなどを話し合っておきましょう。フードやトイレ砂、床材などの消耗品を用意し、緊急時の連絡先なども必ず伝えてください。

■ ペットホテル

ペットホテルに預けることもできます。ハムスターを預かってくれるペットホテルは多くはないので、必要なときは早めに探すようにしましょう。どのような環境で預かってもらえるのか確認してください（犬や猫とは別の部屋かなど）。チェックインやチェックアウトの時間、持参するものなども確かめておきましょう。

動物病院でペットホテルサービスをしていることもあります。かかりつけ限定のこともあるので、早めに確認しておきましょう。

■ ペットシッター

家にペットの世話をしに来てくれるペットシッターというサービスもあります。犬や猫が対象の場合が多いですが、ハムスターも対象としていることもあるので探してみてもいいでしょう。

留守宅に入ってもらうので、信頼ができることが必須です。どんな世話をお願いするのかあらかじめ打ち合わせをし、フードなど必要な消耗品は用意しておきましょう。緊急連絡先も伝えておきます。

▲ ペットシッターには基本的な世話の内容を伝えましょう。

The Hamster　　　　Care

ハムスターと出かける

出かける準備

ハムスターを連れての外出は、動物病院に行くときや、帰省などのときがあります。具合が悪くて動物病院に連れていくときは特に、できるだけ体に負担のないようにしましょう。

ハムスターは移動用キャリーケースに入れ、夏は暑すぎないよう、冬は寒すぎないように工夫します。夏は保冷剤をキャリーの近くに置くといいでしょう。冷えすぎたときにハムスターが逃げ込めるよう、床材を厚く敷いておきます。水分補給のためにキャベツなどの野菜を少し、入れておきましょう。給水ボトルをつけられるタイプのキャリーもありますが、振動で給水ボトルから水がもれないよう注意してください。

冬は使い捨てカイロの、貼り付けられるタイプが便利です。必ずキャリーの外側に貼ってください。熱くなりすぎたとき、反対側に逃げられるよう、片側だけに貼るようにします。また、使い捨てカイロは酸素を使って発熱します。念のため、カイロごとキャリーを布で包み込むのは避け、布は上に掛ける程度にしておきましょう。

出かける時間は、夏場は日中を避け、冬場は朝晩を避けるなど、できるだけすごしやすい時間帯を選んでください。

■ 車での移動時の注意

真夏に限らず、春でも日差しが強いときには、車中の温度は短時間で上昇し、ハムスターには耐えられないほどになります。どんなに短い時間でも、ハムスターのいるキャリーを置いたまま車から離れるのは避けてください。

▲ 暑さ対策に保冷剤を活用し、水分補給は野菜で摂らせましょう。

▲ 寒さ対策は貼るタイプの使い捨てカイロを。水分補給は夏と同じく野菜で。

ハムスターの防災対策

日頃からの備えが大切

地震や台風など大きな災害が起こったときハムスターを守れるのは飼い主だけです。日頃から防災に備えましょう。

■ ケージの置き場所

家具が倒れ、ものが落ちてきたときに、ケージにぶつかることはないか点検しましょう。置いてある場所によっては、ケージが落下する心配もあります。

■ いざというときのことを決めておく

避難所はどこにあるのか、ペット同伴可なのかを確かめておいてください。ペットが一緒に避難所に入れるかどうかは、その避難所によります。ペットと一緒に避難する「同行避難」が推奨されるようになっていますが、避難所に一緒に入ることまでは指していません。ペットと一緒に避難所に入ることは「同伴避難」といいます。

どうやって避難するのか、実際にハムスターと避難グッズを抱えてシミュレーションしておきましょう。場合によっては生活再建のために一時的に預けたほうがいいこともあります。預け先も考えてみましょう。

■ 日頃から余裕をもった備蓄を

大きな災害があったときにはものの流通が止まったり、大きく遅れたりします。消耗品は日頃から余裕をもって買っておきましょう。特にペレットは種類が変わると食べなくなる子もいます。一袋くらいは余裕があると安心です。

また避難時に持ち出せるハムスター用の避難グッズを用意しておきましょう。

▲ 備えておきたい避難グッズ

万が一のとき持ち出すハムスター用の避難グッズの例です。ハムスターを入れるキャリーケースのほかに、こうしたものをまとめて用意しておきます。ペレットやおやつはときどき新しく入れ替えましょう。

ハムスターブームにできた飼育書

　書籍『ハムスタークラブ』が誠文堂新光社から発行されたのは1996年1月のことでした。当時、ハムスターの飼育に関する書籍は大変少なく、めぼしい本でも児童書の飼育図鑑絵本、または小動物の飼育の本の一項目にハムスターが登場するだけという状況でした。本書の136ページにある"子どもでも簡単に飼える"ペットとしての認識は今よりも強く、"飼育の知識をもたなくても飼える"存在だったのです。ただ、実際にハムスターを飼ってみると、魅力と面白さにどっぷりとはまる飼い主が子どもだけでなく大人にも大多数現れるようになったのです。

　その潜在的ハムスター飼いの代表ともいえるのが漫画家の大雪師走さんでした。大雪さんのハムスター愛にあふれた飼育観察系マンガ『ハムスターの研究レポート』(当時・偕成社)が登場し、ハムスターブームは日本中に静かに熱く広がっていきました。

　ブームは来ているのに専門の飼育書がない中、ハムスターの主食はヒマワリの種だと思い込まれていたり、多頭飼育によるトラブルが絶えなかったりして、ハムスターの正しい知識が切実に必要でした。そこへ動物園勤務の長坂拓也氏が執筆を担当し、動物飼育のノウハウが詰まった『ハムスタークラブ』が出来上がったのです。これまで一般書ではまず触れられることのなかった人工哺育や薬についても解説しています。また、本書のハムスター撮影を担当している井川俊彦氏もハムスターを飼って撮影に臨んでくれました。おかげさまで、『ハムスタークラブ』は大変よく売れたのです(最終刷り版は31刷)。

　『ハムスタークラブ』の初版発行から20年ほどが経ち、ハムスターの飼育を取りまく環境はとても進化しています。『ハムスタークラブ』はすでに絶版となっていますが、ハムスターとハムスターを飼う人が幸せになれる最新情報は変わらずいつも求められています。(編集部)

ハムスタークラブ
著・長坂拓也／写真・井川俊彦
96ページ　四六判
1996年1月　誠文堂新光社発行

The Hamster
Communication with the hamster

chapter 6
ハムスターと仲良くなろう

The Hamster　　　　　Communication

コミュニケーションに大切なこと

慣らすことのメリット

　ハムスターをおもちゃのように扱ったりしてはいけませんが、人のそばで暮らす以上、人や人の生活に慣れないとストレスを感じ続けることになってしまいます。飼い主がハムスターを触って健康チェックをする必要性を考えても、人に慣らすことはハムスターのためにもいいことです。

　ただしコミュニケーションをとるには、慎重さと手順が必要です。具体的な手順は次ページから述べていきますが、ここで注意点をお伝えします。

無理をしないで

　どんなに慣らしても、犬のように慣れることはありません。違う動物なのでしかたのないことです。無理やり慣らそうとせず、様子を見ながら行いましょう。

個性を理解しよう

　同じ種類のハムスターでも、慣れるまでにかかる時間や慣れ具合は違います。慣れやすい、慣れにくいは、その子の「個性」といえます。それぞれの個性、個体差を理解しましょう。

好きなおやつを手からもらってコミュニケーション。

愛らしい瞳と目があうと幸せ。

ハムスター目線で考えて

自分がハムスターだとしたら、人の手はどんなに大きいものか想像してみてください。何をされたら嫌なのか、どう接してくれたら安心するか、ハムスターの目線で考えてみることも必要です。

大らかにつき合おう

ハムスターと触れあうときに人がビクビクしていると、ハムスターも警戒してしまいます。緊張せず、大らかな気持ちで接するようにしましょう。

決して怖がらせないで

「怖い」という体験は忘れにくいものです。大きな声を出したり、叩いたりしないようにしてください。常に優しく接するようにしてください。

Chapter 6　ハムスターと仲良くなろう

人の手は優しいことをゆっくり教えてあげてね

The Hamster　　　Communication

ハムスターと仲良くなる準備

迎えるそのとき

それまで暮らしていたペットショップから家へと環境が変わります。できるだけストレスを軽減させるため、それまで使っていた床材を少し分けてもらうといいでしょう。自分のにおいが付いているので安心します。フードも、最初は同じものを与えましょう。別の種類に変えたいときはしばらくしてからにします。

ショップでは複数のハムスターが一緒に展示されていることもよくあります。何匹もがくっつきあって暮らしているのは暖かですが、家では急に1匹だけになるため、寒くなってしまいます。冬に限らず春や秋でもペットヒーターを用意しておき、寒さで体調を崩すことのないようにしましょう。

迎えたその日

さっそく一緒に遊びたくなりますが、ハムスターは疲れています。家に着いてから、新しい住まいに移し、食べ物と水を与えたら、そっとしておきましょう。

周囲をバタバタと歩きまわること、大きな声やテレビの大音量は避けますが、日常生活で出る物音を控える必要はありません。周囲がハムスターに注目しつつ声をひそめている状況は、ハムスターにしてみたら狙われているような感覚かもしれません。

また、薄暗い環境になっているほうが落ち着くので、ケージの半分くらいに布をかけておいてもいいですが、すっぽりと覆うのはやめましょう。周りの様子はある程度見えたほうが安心します。

▲ お迎え前の環境で使っていた床材を少し分けてもらいましょう。フードも同じものを使います。

▲ 新しい住まいに着いて食事と水を与えたら、そっとしておきます。ケージの半分ほどを布で覆ってもOK。

ステップアップで仲良くなろう

ハムスターは少しずつ新しい環境や飼い主の存在に慣れていきます。中にはすぐに人懐っこい様子を見せる子もいますが、基本は一歩一歩ステップアップしていくことです。それぞれの性格に応じて、じっくりつき合っていきましょう。

STEP 01 環境に慣らそう

まずは新しい住まいが怖いところではなく、安心して暮らせる場所だとわかってもらいましょう。最低限のお世話をするくらいにして、あまり構わないでおきます。

STEP 02 人の存在に慣らそう

ケージに近づいても巣箱に逃げ込んだりしなくなってきたら、ケージに食事を入れるときに声をかけ名前を呼んでみます。飼い主の声がしたとき、においがしたときにはいいこと（食べ物が来る）があると理解してもらいましょう。

STEP 03 手から好物を与えよう

食事を与えるときなどに、こちらに興味がある様子を見せるようになってきたら、好物を手から与えてみましょう。食事メニューのうちよく食べるものでもいいですし、何が好物かわからないならヒマワリの種でもいいでしょう。指先につまんで持ち、ハムスターが近寄ってくるのを待ちます。

The Hamster Communication

STEP 04 手のひらで好物を与えよう

指先で持っている食べ物をすぐに取りに来るようになったら、好物を乗せた手のひらをケージ内に入れて、それを食べにくるのを待ちます。最初は指先あたりに置き、徐々に手のひらの中央に置くようにしてもいいでしょう。

STEP 05 手のひらに乗ってきたら好物を与えよう

手の上に乗ってくるようになったら、何も置いていない手のひらをハムスターの前に差し出し、乗ってきたらすぐに好物をあげてみます。

STEP 06 手のひらの上でハムスターをなでてみる

手のひらにためらいなく乗ってくるようになったら、好物を食べているときにそっとなでてみましょう。最初から平気な子もいますが、まずは「ひとなで」から。少しずつ、体に触られることに慣らしていきましょう。

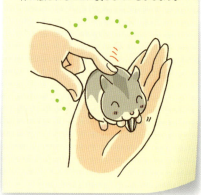

ここまでにかかる日数はさまざま。手には乗るけれど触られるのは嫌という子もいるでしょう。嫌がることを何度も繰り返さず、初期のSTEPからやり直すのもよいでしょう。

個体差を知ろう

95～96ページで紹介しているのは、ハムスターと仲良くなる手順の一例です。ハムスターは、もって生まれた性質や、生まれてからそれまでの育った環境などによってさまざまな個性をもちます。

慣らすことに関しても、何の手順をふまなくても平気な子もいれば、慎重で慣れるのにとても時間がかかる子もいます。

慣れるのに時間がかかるのもその子の個性ですから、根気よくつき合っていきましょう。

なかなか慣れない子もいることを知ってね

噛み癖について

ハムスターの中には噛みついてくる個体もいます。噛む理由にはさまざまなものがあります。

■ 恐怖から噛みつく

噛まれるとつい「攻撃的」と思ってしまいますが、攻撃しようとして人を噛むことはとても少ないと思われます。ハムスターが噛む多くの理由は、恐怖や不安によるものです。本当は逃げたいのに逃げられないので、身を守るために必死に抵抗しているということです。ゆっくり時間をかけて接し、恐怖心を取り除いていきましょう。

■ 体調が悪くて噛みつく

どこかに痛みがあるとき、体調が悪いとき、ハムスターはあまり構われたくありません。野生下では、弱っている姿を見せると天敵に攻撃されてしまうので、がんばって平気なふりをしているわけです。そのようなときに構おうとすると噛みついてくることがあります。

■ 妊娠／子育てしている

妊娠中や子育て中のメスは、子どもを守ろうとする本能がとても強くなっています。むやみに手を出すと、追い払うために噛みついてきます。ハムスターは母親だけが子育てをするので、この時期はより警戒心が強くなります。静かに安心してすごせるようにしてあげましょう。

■ キャンベルハムスターの場合

キャンベルハムスターは「攻撃的で噛みつく」とよくいわれますが、決して攻撃的なのではなく、自分のなわばりを守ろうとして見せる必死の行動です。

The Hamster　　Communication

ハムスターの持ち方

ハムスターを持てたほうがいいの？

　ハムスターの健康管理を行うためにも、ハムスターがストレスなく暮らすためにも、人の手に慣らし、手で持つことができたほうがいいでしょう。

　ただしどうしても難しい場合もありますから無理はしないでください。手で持たずにハムスターを移動させたりするときには、プラスチックケースやハムスター用のチューブなどに入るように促し、それを持って移動する方法があります。

　動物病院では「保定」と呼ばれる持ち方をします。首の後ろの皮膚を大きくつまんで持つ方法です。こうするとハムスターが暴れないので、さまざまな処置が可能です。見た目はかわいそうに思うかもしれませんが、短時間の適切な保定ならハムスターに負担はありません。

　家庭で治療するなど、ハムスターが動かないようにしたいときは保定をするのがいいこともあります。必要な場合は、動物病院で保定方法の指導を受けるといいでしょう。

ハムスターを持つ手順

　こちらが緊張して、不安な気持ちのまま持とうとすると、ハムスターも警戒します。肩の力を抜きましょう。

1. びっくりさせないよう、ハムスターがこちらを向いている状態のときに行います。

▲ ハムスターを持つことに慣れないうちは、ハムスター用のチューブやプラケースなどを使ってみましょう。

2. ハムスターを左右からすくいあげるようにして両手で持ち上げます。
3. 片方の手で、背中をそっと包み込むようにします。
4. 慣れているなら、そのまま体をなでたりできます。
5. まだあまり慣れていないなら、嫌がって逃げようとする前に終わりにしましょう。持っている高さから落ちないよう、ケージなどの床の上に自分の手をつけて、手から解放します。

■ **気をつけたい持ち方**

注意したい持ち方や、してはいけない持ち方には以下のものがあります。

- ハムスターを持ち上げるとき、上からつかむのはよくありません。野生下でハムスターが天敵につかまるときと同じようなアプローチなので、ハムスターは恐怖を感じます。
- 持ったハムスターを落とさないようにと、力を入れてつかんだりしないでください。これもハムスターにとっては怖いものです。

手に乗せることに慣れてくれると、安心した表情でものを食べるようになります。

- 体の一部だけをつまんでぶらさげるような持ち方はしてはいけません。暴れて落下したり、人の手を噛むなどの危険があります（保定は、首筋の皮膚をかなり大きくしっかりとつかみますから、危険はありません）。
- 慣れないうちは必ず床に近い、低い位置で持ってください。手に持ったままで歩き回るのもやめましょう。ハムスターはあまり目がよくないので高さがあることをはっきり認識できませんし、高いところから飛び降りる能力もありません。飛び降りたりすれば大ケガになります。

Chapter 6 ハムスターと仲良くなろう

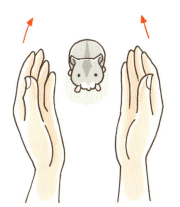

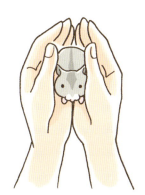

▲ ハムスターがこちらを見ているときに、左右からすくいあげるようにして両手で持ち上げます。

The Hamster　　　　　　Communication

ハムスターとの遊び

「やること」を増やそう

野生下で暮らすハムスターは生きていくために懸命で、遊ぶ余裕はありません。一方、家庭で飼われているハムスターは余裕があるように思えますが、食べ物を求めてあちこち歩き回ったりする「運動」は不足しますし、生き延びる方法を探して「頭を使う」機会もありません。恵まれているようでもありますが、単調な生活は決していいことではありません。

さまざまな行動のレパートリーを飼育下でも取り入れ、ハムスターの「やること」を増やします。これがハムスターの「遊び」だと考えましょう。

■ 運動する機会を増やす

ハムスターの運動というと回し車が思い浮かぶでしょう。取り入れやすいもののひとつです。ほかにもハムスター用のさまざまな遊びグッズが市販されているので、利用するといいでしょう。

飼育ケージを広くするのもいい方法です。内部を2階建てにすると底面積が増え、歩き回れる場所が広がります。2階への階段の途中や2階部分から落下しないよう、くれぐれも気をつけます。

■ 頭を使う機会を増やす

飼育下で取り入れやすいのは、食べ物を探すという方法です。好物を、わらで編んだボールのおもちゃの隙間に押し込んでおいたり、床材の中に埋め込んでおいたりすると、においを頼りに探し出すでしょう。

ハムスター用のチューブなどで簡単な迷路を作って、好物を入れておくこともできます。

■ コミュニケーションの機会を作る

飼い主とのコミュニケーションは、飼育

▲ 組み立てたアスレチックで遊びます。

▲ ボールに牧草やおやつを入れるのも楽しい！

▲ 手の上でおやつを食べるのも遊びのひとつです。

下ならではの遊びです。その子の性質を考えながら、それぞれに適したコミュニケーションを取り入れましょう。

　人が手から好物を与えるのは、基本的なコミュニケーションのひとつです。おいしいものを食べるのはハムスターにとって嬉しいことです。「人といるといいことがある」と感じてもらえるようにしましょう。

ハムスターのひとり遊びグッズ

回し車

　ハムスターのおもちゃの定番です。56ページを参考に、ハムスターの体に合った大きさで、ケガをしにくいタイプを選んでください。

　幼い時期に多頭飼育していると、何匹もがいっぺんに一緒に使おうとして危険なこともあるので、外しておいたほうがいい場合もあります。

パイプ・チューブ

　パイプ状のおもちゃは、いろいろな形のものをいくつもつなぐことができます。ハムスターはトンネル状の巣を作るので、こうしたものの中を歩き回るのは、ハムスターが好む行動のひとつです。

　中で排泄をしてしまうこともあるので、こまめに洗うようにしてください。

アスレチック

　登り降りをしたりもぐり込んだりして遊ぶタイプです。ハムスターは木に登ったりしない動物なので、高い場所を作る必要はありませんが、落ちても危険のない高さであれば、動きに変化がつけられるのでいいでしょう。

　かじっても安全な木の枝や箱などを使って手作りするのも楽しいものです。

かじり木

　ハムスターの歯は、ものを食べ、上下の歯をこすり合わせることで削れるので、「歯を削るため」のかじり木は必要ありませんが、ものをかじることを好むので、かじり木を設置するのはいいことです。

　金網にとりつけるタイプや天然の木の枝など、いろいろなタイプが市販されています。

The Hamster　　　　Communication

ハムスターとのコミュニケーションの注意点

"一緒に"遊ぶのは難しい?!

ケージの中でも遊べるよ☆

　ハムスターは、ハムスター1匹だけで遊ばせておいても問題なく飼育することができます。人との体の大きさだけを考えても、「一緒に遊ぶ」というのは難しいものがあります。

　しかし、ハムスターが人とともに暮らしている以上、人には慣らす必要があります。それはケージの中だけでも可能ですが、ケージの外でのコミュニケーションの時間を作ることもできます。

■ ペットサークルの中で遊ばせる

　ハムスター用や、ワイヤーネットに目の細かい網を貼るなどして工夫したペットサークルで一定の場所を区切り、その中でハムスターを遊ばせます。飼い主もその中で座っていて、ハムスターが近くに来たら好物を与えたり、膝の上に乗せたりしてコミュニケーションをとるという方法です。サークル内にも回し車やトンネルなどのおもちゃを置いてもいいでしょう。

■ ハムスターが寄ってくるのを待って

　気をつけたいのは、サークル内では人は必ず座っていて、あまり動き回らないようにするということです。ハムスターを踏んでしまうなどの事故を防ぐためです。また、ハムスターがまだ慣れていないうちは、ハムスターが自分から寄って

Chapter 6　ハムスターと仲良くなろう

▶ ハムスターとのコミュニケーションはケージの中か、サークルの中で行いましょう。

くるまでは積極的にアプローチせず、ハムスターが飼い主のことを観察する時間を作ってあげましょう。

■ **ハムスターの種類による違い**

ゴールデンハムスターやジャンガリアンハムスターなどでは、こうしたコミュニケーションが比較的うまくいきますが、すばしこいロボロフスキーハムスターには向いていません。

危険のない遊びで楽しくすごしたいな～

室内散歩はおすすめしません

ハムスターを室内に放して散歩させることは、この本ではおすすめしません。適切なサイズのケージで飼っていれば極端な運動不足になることはありません。

室内散歩には多くの危険があります。電気コードをかじれば感電死を起こし、漏電すれば火災の原因にもなります。家具の間、下などの狭い隙間にも入り込んだり、置いてある危険なもの（薬、ゴキブリ取りなど）に遭遇したりします。また、お菓子、タバコなどをかじる、小さなもの（クリップなど）を頬袋に入れてしまうこともあります。

これらは徹底的に片付ければいいことですが、最も危険な存在は人です。踏む、蹴る、ドアにはさむといった事故が起こりえます。ドアなどを開けたままにしていてハムスターが脱走することもあります。

ハムスターは十分な広さのケージの中だけ、あるいはハムスター用のペットサークルで囲った安全な空間だけで遊ばせるようにしてください。

ケージの外で起こりうるトラブル

▲ 人に踏まれる事故が起こります。

▲ ドアから逃げたり、ドアにはさまれる危険性も。

▲ お菓子や薬を食べてしまうことも。

The Hamster
Health care of the hamster

chapter 7
ハムスターの健康管理

健康管理に大切なこと

健康のための十ヶ条

わが家に迎えたハムスターには健康で長生きしてほしいものです。性格に個体差があるように、体質や丈夫さにも個体差がありますが、その子のもつ寿命をまっとうできるよう、健康管理に気を配りましょう。それは決して難しいことではありません。

ここで、ハムスターの健康を守るための十ヶ条を紹介しましょう。これらの基本的な飼育方法をきちんと行うことが何より大切です。

① ハムスターの生態や習性を理解しましょう

夜行性なので昼間は休んでいること、穴掘り行動を好むことや、単独生活、雑食性など、その生態や習性を知れば、ハムスターとのよりよいつき合い方がわかります。(24ページ参照)

② あなたのハムスターの個性を理解しましょう

同じ接し方をしても、怖がってしまう子と気にしない子がいるように、ハムスターの個体差は大きいものです。自分の飼っているハムスターがどんな子なのかを理解しましょう。(37ページ参照)

③ 適切な飼育環境を整えましょう

大きな騒音や振動に注意し、激しい暑さや寒さ、温度の急激な変化を避けるなど、ハムスターの体に負担がかからないような環境を作ってください。ケージ内の掃除をきちんと行い、衛生面にも配慮しましょう。(Chapter 5 参照)

④ 適切な食事や水を与えましょう

品質のよいペレットを中心に、栄養バランスの整った食事メニューを与えることが大切です。飲み水も毎日、必ず与えましょう。(Chapter 4 参照)

⑤ 太りすぎても痩せすぎてもいない、適切な体格を維持させましょう

丸々とした体はかわいいですが、肥満体では不健康です。太りすぎを気にしすぎて、無理に痩せさせるのもよくないです。肉付きのしっかりした健康体型を維持しましょう。(128ページ参照)

⑥ 適切な接し方をしましょう

いじくりまわすのもよくありませんが、まったく慣らさないままだとハムスターは毎日安心して暮らすこともできません。ほどよいコミュニケーションを心がけましょう。(92ページ参照)

7 過度なストレスを与えないようにしましょう

体に負担のかかる温度変化、構いすぎや恐怖感を与えるコミュニケーションなどは、ハムスターにストレスをもたらします。ストレスは免疫力を低下させるので病気になりやすくなります。過度なストレスには気をつけましょう。

8 適度な運動の機会を作りましょう

広い飼育ケージに、回し車やアスレチックを設置するなど、体を動かす機会を取り入れるようにしましょう。筋肉をつけ、体力を高めることができます。（100ページ参照）

9 健康チェックを行いましょう

病気の早期発見・早期治療のためにも、健康チェックを日々のお世話のひとつに取り入れましょう。（110ページ参照）

10 よい動物病院を見つけましょう

病気のときだけでなく健康診断や飼育相談などもできる、かかりつけの動物病院を見つけておきます。ハムスターを飼うことを決めたらすぐに探してください。（108ページ参照）

健康管理は毎日の積み重ね

ハムスターのような被捕食動物（肉食動物に捕獲される動物）は、弱っている様子を見せると捕まえられてしまうため、具合が悪くても平気なそぶりをしていることがよくあります。そのため、人が「具合が悪そうだな」と気がつくときには、すでにかなり状態が悪くなっていたりするのです。病気は早期発見・早期治療が大切です。毎日の適切な飼育管理でハムスターの健康を維持し、体調を確かめましょう。

飼育メモをつけよう

日々の健康チェックやイレギュラーな出来事（初めて食べさせたものがあった、騒音や振動があった、寒暖の差が大きかったなど）を飼育メモに記録しましょう。体調の悪いときなどに見返すと、きっかけとなった出来事が推測できることも。病院に連れていくときは持参しましょう。

The Hamster　　　　Health care

ハムスターと動物病院

動物病院を見つけておこう

ハムスターを飼うことになったら、診察をしてもらえる動物病院を探しましょう。動物病院はたくさんありますし、近所にあるかもしれません。ところが、多くの動物病院では犬や猫の診察が主で、ハムスターなどの小動物の診察はしていないことがよくあります。ハムスターを診察する動物病院は以前よりは増えましたが、まだそれほど多くありません。

そのため、ハムスターを飼い始めたあと、具合が悪くなってから動物病院を探し始めても、診てくれる病院が見つかった頃には手遅れになっている、ということも起こります。ある意味では、飼育グッズを揃えることよりも重要な準備といえます。

動物病院の探し方

■ 近所を探す

通院することを考えると、かかりつけの動物病院は近所にあるのが一番いいことです。近所に動物病院があったら、ハムスターの診察をしているか問い合わせてみましょう。その動物病院では診察をしていなくても、場合によってはハムスターを診ている別の動物病院を教えてくれるかもしれません。

■ インターネットで検索する

「ハムスター　動物病院　【地域名】」などのワードで検索して探すことができます。公式ページをもつ病院も少なくありません。

動物病院の情報は、インターネットやペットショップ、すでに飼っている人に聞いてみましょう。

■ ペットショップで聞く

ペットショップなら、動物病院についての情報ももっているでしょう。ハムスターを購入する予定のペットショップで聞いてみるという方法もあります。

■ ハムスターの飼い主に聞く

すでにハムスターを飼っている人から情報を得ることもできます。ハムスターの飼い主同士のネットワークは、病院の相談以外にも役立ちます。積極的に輪を広げましょう。

病気になってから初めて動物病院に行くのでは、飼い主も慣れておらず不安でしょう。ハムスターが元気なうちに、動物病院に連れていくことに飼い主が慣れておくというメリットもあります。

また、ネットや口コミで知った動物病院の場合、院内の雰囲気を実際に見て、先生と直接お話をすることで、自分にとって合うかどうかを確かめる機会にもなります。

健康診断に行こう

ハムスターを迎え、落ち着いてきたら、動物病院で健康診断を受けておくことをおすすめします。健康状態を診てもらい、飼育上、気をつけることなどのアドバイスを得ることもできるでしょう。

動物病院へ行くのを先延ばしにしない

迎えたばかりでもハムスターの具合が悪かったら、動物病院に連れていってください。

ハムスターに異常が見られたときには、まずはすぐに動物病院で診てもらうのが基本です。ハムスターは症状がどんどん悪くなっていくことが多いので、「様子を見よう」と思わずに診察を受けに行きましょう。

動物病院に連れて行くとき

ハムスターなど小動物を診察する動物病院は予約制のところが多いので、最初に確認しておきましょう。必要な持ち物なども聞いておきます。

夏や冬は、88ページを参考に、ハムスターに負担のかからないようにして連れていってください。

The Hamster　　　　　Health care

健康チェックをしよう

毎日の掃除や遊ぶときに、健康状態をチェックしましょう。行動や仕草など観察してわかるチェック、やさしく触るチェック、排泄物のチェックを行います。

- 耳：傷がないか、中が汚れていないか、くさくないか、ひどくかゆがっていないか、など。
- 目：ショボショボさせていないか、目ヤニや涙が多く出ていないか、飛び出しそうに出っ張っていないか、白く濁っていないか、など。
- 鼻：鼻水が出ていないか、ひんぱんにクシャミをしていないか、呼吸するときにスピスピというような異音がしていないか、など。
- 頬袋：口から赤っぽいもの（頬袋）が出ていないか、いつ見ても頬袋が膨らんでいるようなことがないか、など。
- 全身：なでたときにシコリやコブのようなものがないか、など。
- 歯と口：噛み合わせが適切か、折れたり曲がったりしていないか、よだれが出ていないか、など。
- 被毛と皮膚：毛がボサボサしていないか、毛が抜けて皮膚が見えているところがないか、など。
- 手足：手足を引きずっていないか、手足を床から浮かせたままでいないか、爪が伸びすぎていないか、手足の裏に傷などがないか、など。

噛まれないようによく注意して口元と歯を見ましょう。

体調の変化は、観察だけでなく触ることでもわかるので、できたらやさしく触りましょう。

前足（左）、後ろ足（右）。やさしくつまみます。爪の長さや傷がないかを確認しましょう。

ゴールデンハムスターの臭腺。興奮すると分泌物で濡れることがあります。メスは臭腺があまり発達していません。

- **食欲**：食欲はあるか、硬いものだけ残したりしていないか、食べこぼしをしていないか、水を飲みすぎていないか、など。
- **行動**：元気があるか、じっと丸まっていたりしないか、など。
- **体重**：成長期や妊娠中ではないのに急激に太ったり、痩せたりしていないか、など。
- **オシッコ**：量が少なくないか、量が多くないか、オシッコが赤くないか、オシッコをするときに痛そうではないか、など。
- **臭腺**：分泌物が固まっていないか、など（ゴールデンハムスターの臭腺は脇腹、ジャンガリアンハムスターでは腹部にあります）。
- **お尻周辺**：オシッコや下痢で汚れていないか、など。
- **生殖器**：分泌物や血液が出ていないか、いつも気にしている様子がないか、など。
- **フン**：下痢や軟便をしていないか、小さくなっていないか、量が減っていないか、出なくなっていないか、フンをするとき痛そうではないか、など。

こうした健康チェックで気づいたことは、飼育メモ（107ページ）に記しておきましょう。

日常のちょっとした変化に気づこう

　体調が悪いと、いつもと違うちょっとした変化が行動に表れることがあります。いつも遊んでいる時間に寝ている、好きなおやつも口にしない、などといった行動が見られたら、特に注意して観察を続けましょう。

The Hamster　　　　Health care

ハムスターによく見られる病気

腫瘍

■ どんなもの？

腫瘍は、ハムスターにとても多い病気です。若くてもなりますが、高齢になってくると増える病気です。

生き物の体は細胞が集まって形作られています。その中で特定の細胞が過剰に増殖し続けることがあります。その細胞の集まりを腫瘍といいます。

増殖がゆっくりで、転移や再発をせず、腫瘍のまわりの正常な組織との境界がはっきりしているものを「良性腫瘍」といいます。手術をして取り除いてしまえば治ることが多い腫瘍です。

「悪性腫瘍」は、増殖スピードが早い腫瘍です。周囲との境界が入り組んでいるのできれいに取り除くことが難しかったり、転移や再発をしやすかったりします。「がん」ともいいます。

原因は、遺伝、ホルモンバランス、老化、食事や環境などさまざまです。

■ 症状は？

腫瘍は、全身のほとんどどこにでもできる可能性があります。体の表面近くの場合は、触ったときにシコリやコブのような感触で気づけるかもしれません。

■ 治療は？

腫瘍の種類、できた場所、年齢や健康状態、治療にかけられる費用などによってさまざまです。積極的な治療としては、手術で取り除くという方法があります。抗がん剤治療や放射線治療はハムスターでは一般的ではありません。

ハムスターの年齢など、状況によっては治療をしない選択もあります。かかりつけの先生とよく相談をしてください。

■ 予防は？

確実な予防方法はありません。適切な飼育管理を行い、早期発見を心がけるようにしましょう。

右腹にできた腫瘍。大きくなると手術が困難になることもあります。

大きく腫れた腫瘍は、潰れると出血を引き起こします。

皮膚の病気

■ どんなもの？

ニキビダニというダニが毛包（毛の根本を包む部分）に寄生するニキビダニ症（毛包虫、アカラス）は、免疫力が落ちているとなりやすいものです。

アレルギー性皮膚炎は、針葉樹のウッドチップ、ウッドチップについたカビやダニなどをはじめ、アレルギーの原因となるものに触れたり、食べたりすることで起こります。

細菌性皮膚炎は、オシッコで汚れたままになっている床材など、じめじめと汚れた場所でなりやすい細菌感染症です。

■ 症状は？

ニキビダニ症：
背中から腰、お尻にかけて毛が薄くなります。あまりかゆがりません。

アレルギー性皮膚炎：
ウッドチップが原因なら、お腹の毛が抜けたり、皮膚が赤くなります。かゆがります。

細菌性皮膚炎：
皮膚が赤くなり、ただれたりします。

■ 治療は？

ニキビダニ症：
駆虫剤を投与します。

アレルギー性皮膚炎：
原因を取り除きます。体をかいて傷ができていたりしたら、抗生物質を投与します。

細菌性皮膚炎：
飼育環境を衛生的にするとともに、抗生物質を投与します。

■ 予防は？

ニキビダニ症：
ストレスは免疫力を低下させます。適切な環境や食事、接し方をしましょう。

アレルギー性皮膚炎：
アレルギーの原因となるものを使わないようにします。

細菌性皮膚炎：
ケージ内を衛生的に保つようにしましょう。

背中にできた皮膚病。ニキビダニによって引き起こされていました。

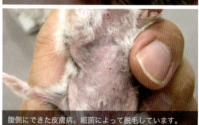
腹側にできた皮膚病。細菌によって脱毛しています。

症状にあてはまらなくても

112〜117ページでは、ハムスターに特によく見られる病気をとりあげています。ここに掲載していない病気になることもありますから、あてはまる症状が載っていない場合でも、様子がおかしいなと思うときには動物病院で診察を受けてください。治療方法はハムスターの状態や動物病院によって異なる場合があります。

The Hamster / **Health care**

歯の病気

■ どんなもの？

ハムスターに多い歯の病気には、不正咬合があります。

ハムスターの切歯（前歯）は、生涯にわたって伸び続けますが、ものを食べるときなどに上下の歯がこすり合うことによって削られるので、伸びすぎることはありません。ところが、何かの理由で歯の噛み合わせが合わなくなると、歯が伸びすぎ、ものが食べられなくなったりします。不正咬合の原因としては、ケージの金網をかじる、高いところから落ちて顔をぶつけるといったことや、遺伝などがあります。切歯でかじらなくても食べられるような、柔らかいものばかり与えていることも原因になります。

切歯の不正咬合。ケージの金網を噛みすぎることなどが原因です。

■ 症状は？

噛み合わせが合わなくなると、上の切歯は口の中に向かって丸まるように伸び、下の切歯は外に向かって伸びるので、外見で伸びすぎに気づくこともあります。ものを食べにくそうにする、食べる量が減るので痩せる、フンが小さくなる、量が減るなどの症状もあります。

■ 治療は？

適切な長さにカットします。家でニッパーなどを使って切ると歯根に悪影響を及ぼすことがあるので、動物病院で適切な器具を用いてカットしてもらってください。一度噛み合わせがずれると、定期的な処置が必要になることもあります。

■ 予防は？

ケージの金網をかじらないようにします。水槽タイプの飼育ケージで飼うのもひとつの方法です。

頬袋脱

口の周辺で見られる病気に、頬袋脱があります。通常、頬袋が口から出ることはありません。ところが、べとついたり溶けやすい食べ物、柔らかい食べ物を頬袋に入れていたり、頬袋を傷つけるようなものを入れたりすると、頬袋が炎症を起こします。その結果、頬袋が反転して口から出ることがあるのです。すぐに発見し、もとに戻せれば問題ないことも多いですが、時間がたっていると切除手術をすることもあります。

頬袋脱の症例。頬袋が反転して出てしまっています。

目の病気

■ どんなもの？

まぶたの裏側と眼球をつなぐ粘膜を「結膜」、眼球の表面をおおう膜を「角膜」といいます。結膜炎・角膜炎は、目にほこりが入って傷つく、顔掃除をするときに汚れた前足でこするなどして炎症を起こす病気です。角膜が傷つくと目の表面が白っぽくなることもあります。

マイボーム腺腫は、まぶたの裏側にあるマイボーム腺という分泌腺が詰まって炎症を起こします。

■ 症状は？

結膜炎・角膜炎：

目をショボショボさせたり、涙や目ヤニが増えたりします。

マイボーム腺腫：

まぶたが腫れたり、まぶたにできものができたりします。

■ 治療は？

結膜炎・角膜炎：

抗生物質や消炎剤の点眼をします。

マイボーム腺腫：

抗生物質の点眼薬を投与します。よくならないと切開することもあります。

■ 予防は？

結膜炎・角膜炎：

衛生的でほこりっぽくない環境を心がけましょう。爪が伸びすぎていたら、爪切りをします。

マイボーム腺腫：

肥満のハムスターに多いともいわれます。適切な食事を与え、太らせすぎないように気をつけましょう。

角膜炎。眼球の表面が傷ついてできる炎症です。

白内障

高齢になると増える目の病気に白内障があります。目のレンズが白く濁る病気です。治療は難しく、最後には視力を失いますが、ハムスターは嗅覚や聴覚が優れているので、急にケージ内のレイアウトを大きく変えたりしなければ問題なく暮らしていけます。

高齢動物に多い白内障。目のレンズが白く濁ります。

The Hamster　　　　Health care

消化器の病気

■ **どんなもの？**

ハムスターは、下痢をすることがよくあります。その原因はさまざまで、食べたことのない食べ物を急にたくさん食べたときや、強いストレスなどもきっかけになります。病気としては増殖性回腸炎（ウェットテイル）がよく知られています。大腸菌やカンピロバクターなどの感染で起こり、若いゴールデンハムスターで多く見られます。

布や綿などを食べて消化管内に詰まり、腸閉塞を起こすことがあります。

■ **症状は？**

下痢の程度は柔らかいフンをする程度から、ひどくなると水のような下痢をします。下痢がひどいと直腸脱といって、直腸が肛門から出てしまったり、腸重積を起こすこともあります。腸閉塞を起こしているとフンが小さくなり、フンの量が減ります。

■ **治療は？**

下痢は抗生物質を与え、必要があれば補液をします。腸閉塞では、緩下剤を与えて排泄を促しますが、手術することもあります。

■ **予防は？**

増殖性回腸炎は、環境変化によるストレスなども原因になります。温度管理に注意し、ストレスの少ない環境を心がけましょう。かじると危険なものは片付けましょう。

腸重積の症例です。腸の一部が腸に重なるように入り込んでいます。

熱中症と低体温症

夏や冬に起こりやすいものに、熱中症と低体温症があります。ハムスターも私たち人間も「恒温動物」といって、周囲の温度が高くても低くても、一定の体温を保てるようになっています（人は36℃ほど、ハムスターは37℃ほど）。

ところが、極端な暑さや寒さが続いたり、体調が悪いときには体温を維持できず、暑ければ体温が上がって熱中症に、寒ければ体温が下がって低体温症になってしまいます。どちらも悪化すれば死亡するおそれがあります。

春先でも晴れている日の車中は非常に暑くなりますし、夏場に冷房の風が吹きつけるようだと寒くなりすぎます。季節を問わず、快適な温度で飼育するように心がけましょう。

子宮の病気

■ どんなもの？
メスのハムスターで、特に高齢になってくると増えるのが子宮蓄膿症です。ホルモンバランスや感染によると考えられています。子宮に炎症が起きて膿がたまります。

■ 症状は？
生殖器から出血があったり、膿が出ます。ひどくなってくると、お腹が膨れたり、元気がなくなります。

■ 治療は？
抗生物質の投与をします。場合によっては子宮卵巣摘出手術を行います。

■ 予防は？
予防は難しいので、早期発見を心がけましょう。ハムスターに「生理」はないので、出血が見られたら早急に診察を受けましょう。

子宮蓄膿症の症例。子宮が大きく腫れ上がってしまいました。

子宮蓄膿症と同様に高齢ハムスターのメスに多い卵巣腫瘍。

骨折

■ どんなもの？
ハムスターはケガをすることもよくあります。ケージをよじ登って落下する、金網に足を引っ掛ける、または、手に乗せていて落とすようなことがあると、骨折することがあります。

■ 症状は？
足を床につかないようにしていたり、引きずって歩いていたりします。ひどい骨折だと骨があらわになったり、出血が見られたりします。

■ 治療は？
軽いものなら、狭いケージ（水槽タイプ）でなるべく動きを制限することで、自然に治ることもあります。状態によっては手術をして骨の修復をします。

■ 予防は？
危険のない環境で飼育することが大切です。ケージの底に金網が敷いてある場合は取り外しましょう。また、ハムスターを手に乗せるときは、座りましょう。

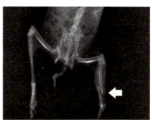

脛骨（すねの骨）を骨折した症例のレントゲン写真。

The Hamster　　　Health care

ハムスターの応急手当

ここに挙げる低体温症、熱中症、下痢や感電は、突発的に起こり、ハムスターもぐったりしていることが多いので、動物病院での診察は急を要しますが、動物病院へ連れて行くまでに家庭でできることがあります。あわてずに落ち着いて対処しましょう。

また、事前に行っておくことのひとつに、かかりつけの動物病院の休診日にやっている病院や、深夜にやっている動物病院が近くにあるかを調べておくということがあります。

なお、家庭で症状が改善したとしても、念のために動物病院に連れていき、診察してもらうほうが安心です。

低体温症

体に触ると冷たく、ぐったりし、呼吸や心拍数も少なくなっているのが低体温症です。ゆっくりと体を暖めてください。温度管理が難しくなく、穏やかに暖められるのは人の暖かい手です。手で体を覆ってあげたり、注意しながらハムスターを乗せた手を、着ている服の下に入れてもいいでしょう。ペットヒーターや使い捨てカイロなどを使う場合は、熱すぎないよう布で巻くなどして温度調整してハムスターを寝かせてください。

冷えたハムスターを手で包んで暖めます。手が冷たいときは、使い捨てカイロで手を暖めておきましょう。

下痢

早急に診察を受ける必要がありますが、それまでにできることとしては、体温低下と脱水への対応があります。水のような下痢でお尻が濡れていると体が冷えてしまうので、汚れをふき、暖かな環境にしてください。

自力で水分が摂れる状態であれば、スポーツドリンクなど常温のイオン飲料を飲ませるとよいでしょう。ただし、ぐったりしていて自力で飲めないようなときは、誤嚥すると危険なのでやめておきます。

感電

電気コードをかじって感電することがあります。漏電して火災のおそれもあります。すぐにブレーカーを落としてコンセントからプラグを抜いてください。感電したハムスターの体が電気を帯びていることもあるので、決して素手で触らないようにします。厚手のゴム手袋など、電気を通さないものを使います（最適なのは絶縁手袋）。ハムスターは早急に動物病院に連れていきます。

意識があっても口の中をヤケドしていることがあるので、動物病院で診察を受けましょう。

熱中症

体温が高くなり、ぐったりとして、呼吸が早くなる、口を開けて呼吸している、よだれを出しているなどの状態になるのが熱中症です。体温を平熱に下げなくてはなりませんが、急激に下げようとすると下がりすぎてしまうので注意が必要です。常温の水で濡らして絞ったタオルをビニール袋に入れたもので体を冷やしてください。

ハムスターがしっかりと目を覚ましていたら、常温のイオン飲料を飲ませてもいいでしょう。ただし強制的に飲ませるのではなく、自力で飲めるときに限ります。

体を冷やすには、水で濡らしたタオルをビニール袋に入れて体にあてます。じかに体を濡らさないで。

用意しておくと安心、救急セット

応急手当が必要なとき、以下のものがあるといいでしょう。

綿棒、ガーゼ、タオル（ハンカチサイズのものや大きめのもの）、ビニール袋、使い捨て手袋、ウェットティッシュ、スポイト、イオン飲料、など。ペットヒーターは夏でもしまい込まずにすぐに使えるようにしておきます。

応急手当てに使うものは、すぐに使えるように用意しておきましょう。

Chapter 7　ハムスターの健康管理

The Hamster Health care

人と動物の共通感染症

共通感染症ってどんなもの？

人から動物へ、動物から人へと相互に感染する病気のことを、「人と動物の共通感染症」といいます。「人獣共通感染症」、「ズーノーシス」とも呼び、人の立場から「動物由来感染症」とも呼ばれています。共通感染症は世界中に約800種あるといわれています。

よく知られているもののひとつに狂犬病があります。犬だけでなく哺乳類全般がかかる可能性のある病気で、人には犬や野生動物から感染することがあります。ほかには、BSE、鳥インフルエンザ、オウム病などが有名です。

共通感染症は昔からありますが、近年になってからは交通機関が発達して人がどこにでも行くようになり、それまで接触のなかった野生動物と接する、ペットとして飼う動物の種類が増えたこと、ペットを室内で飼うなど距離が近くなったことなどから、注目されています。

■ ハムスターと人の共通感染症

ハムスターから人に感染することがよく知られているものに「小型条虫症」があります。小型条虫という寄生虫がハムスターに寄生しているとき、ハムスターには症状は見られませんが、フンに条虫の卵が混ざって排泄されます。その卵が人の口から入ることで、人にも感染します。大人だと症状が出ないのですが、子どもは下痢をすることがあります。

「皮膚糸状菌症」は皮膚糸状菌という

▲ 人と動物の間で、相互に感染する病気のことを、「人と動物の共通感染症」といいます。

カビの一種による皮膚の病気で、感染しているハムスターとのふれあいで感染することがあります。ハムスターは脱毛していることもあれば、無症状のこともあります。

人からハムスターに感染する病気は今のところ知られていません。

共通感染症を予防するには

節度をもった接し方をしていれば、ハムスターからの感染をむやみにおそれることはありません。以下のような点に注意しましょう。

- ケージ掃除はこまめに行い、衛生的な環境を心がけましょう。
- ハムスターが健康でいられるように飼育管理し、病気になったら治療してください。
- 世話をしたあと、遊んだあとはよく手を洗ってください。
- キスをする、頬ずりする、口移しで食べ物をあげるといったことはやめましょう。
- ハムスターと遊びながらものを食べたり、食卓の上でハムスターを遊ばせたりしないようにしましょう。
- 人も健康でいられるように心がけましょう（免疫力が落ちていると感染しやすくなります）。

▲ お世話をしたあとは手を洗い、キスや頬ずりなどはやめましょう。

ハムスターの繁殖

上／生後2週間くらいのキャンベルハムスター、下／生後2～6日頃

繁殖の心構え

　かわいいうちの子に赤ちゃんハムスターを生ませてみたい。そんなふうに思う人は多いことと思います。小さな赤ちゃんがママのオッパイを飲みながら育っていく様子は感動的でもありますし、また、ハムスターらしくなっていく姿を見るのも幸せを感じさせてくれます。

　繁殖をさせたいと思ったら、まずはよく考えてみてください。ペットのハムスターは人がオスとメスを一緒にするから繁殖します。人が命を生み出す手伝いをするのです。その命に対する責任をもつことができますか？　ハムスターは一度にたくさん赤ちゃんを生みますが、すべての子どもたちを終生幸せにすることができますか？　すべての子どもたちを飼うなら、ケージの置き場所や飼育費用、医療費、世話の時間などが余計にかかることになります。飼ってくれる人を探す場合は、責任をもって最後まで飼ってくれる人を探さなくてはなりません。

　また、赤ちゃんをお腹の中で育てて生み、母乳を飲ませてお世話をするのは、母親ハムスターにとっては大きな負担でもあります。「この子に赤ちゃんを生ませたい」と思っても、健康状態や年齢などによっては難しいこともあるでしょう。まずは、繁殖にはさまざまな責任がともなうのだと理解することがとても大切です。

▲ ハムスターは多産。生まれたすべての子への責任は飼い主にあります。

動物愛護管理法と繁殖

　家庭で生まれたハムスターをお友達に譲ることがあります。一般の人が繁殖させたハムスターを譲渡する場合、たとえ無償であっても、何度も繰り返し行うなら動物取扱業の登録が必要となることがあります（一度だけなら必要ありません）。心配な場合は、自治体の動物愛護管理行政担当窓口（動物愛護センターなど）に問い合わせてください。

繁殖の手順と注意点

1. 繁殖させる個体を選ぶ

親となるハムスターは健康で、遺伝性の病気をもっていない子にしましょう。繁殖に適した年齢は生後3ヶ月くらいをすぎてからです。性成熟したのち、体が十分に大きくなってからにしましょう。しかし、1歳をすぎたら慎重に考え、1歳半以降の繁殖はおすすめしません。

違う種類のハムスター同士は繁殖できません。近親交配も避けてください。また、ジャンガリアンハムスターのプディング同士やパイド同士の交配も避けましょう。この交配では致死遺伝子の影響で、生まれる前に母親のお腹の中で子どもが死んでしまう、奇形で生まれるなどの問題が知られています。

2. お見合い

数日間、繁殖させたいオスとメスのケージを並べて飼い、お互いのにおいが感じられる状態にしておきます。

メスの発情周期は約4日です。メスの背中を触ってみて、お尻を上げるようなしぐさをするときは発情しているので、オスと一緒にしてみましょう。オスのケージにメスを入れるようにします。

3. 交尾

最初はお互いに警戒していても、しばらくするとにおいをかぎ合うなどし、交尾にいたります。交尾を確認できたらオスとメスを分けてください。

どうしてもケンカになるなら、いったん別々にし、1週間ほどしてからも

ゴールデンハムスターの交尾の様子です。

う一度やってみてください。何度やってもうまくいかないときは、相性が悪いのであきらめたほうがいいかもしれません。

4. 妊娠中

ハムスターはメスが単独で子育てをします。適切な温度管理をし、落ち着ける環境を作ってあげましょう。タンパク質やカルシウムが必要ですから、通常の食事のほかに動物質の食べ物も追加するといいでしょう。

5. 出産

巣箱の中から小さな鳴き声が聞こえてくると出産です。巣箱の中をのぞこうなどとは思ってはいけません。静かにしてあげてください。

上の写真のメスから生まれた生後2日目の赤ちゃん。毛も生えていなくて体も赤いです。

6. 子育て中

ハムスターの赤ちゃんは体に毛も生えておらず、体温調節ができません。巣箱から出てしまうようだと体が冷えてしまうので、そのときは、素手で触らず、きれいなプラスチックスプーンですくうようにして巣箱に戻しましょう。

母ハムスターへの食事と水は十分な量を与えてください。これらが不足すると母乳が出なくなってしまいます。

ケージの中をいじったりすると母親は不安になります。子育てを始めた当初の数日間は掃除を控えましょう。

7. 離乳に向けて

子どもは母親の母乳をたっぷり飲みながら育っていきます。生後10日前後になると、固形物も少しずつ食べられるようになり、生後3週目になると離乳することができます。

離乳期をすぎたら、母ハムスターはゆっくり休ませてあげてください。

ハムスターは性成熟が早いので、いつまでもオスとメスを一緒にしていられません。離乳後は別々に飼いましょう。

生後15日目になると、赤ちゃんの目がうっすらと開いてきました。キャベツも食べるように。

生後20日目になると、赤ちゃんの目がしっかりと開いています。

生後13日目の赤ちゃん。お母さんのオッパイに吸い付いています。

ゴールデンハムスターの繁殖データ

発情周期＝4〜5日
発情している時間＝8〜26時間
妊娠期間＝15〜18日
子どもの数＝5〜10匹
生まれたときの体重＝1.5〜3g
目が開く＝生後12〜14日
耳の穴が開く＝生後4〜5日
毛が生え始める＝生後9日
ペレットを食べ始める＝7〜10日
離乳＝19〜21日
オスの性成熟＝8週
メスの性成熟＝6週

赤ちゃんゴールデンの中の1匹が成長した姿です。

付録 | appendix

ご長寿ハムスターを目指して一歩進んだ飼い主になろう

The Hamster

Live long forever !

The Hamster　　　　　For longevity

ご長寿を目指して

「一生」の重さと喜び

わが家に迎えたハムスターには長生きをしてほしい。飼い主の誰もがそう思うことでしょう。

犬や猫の平均寿命は14、5年前後。大型インコやリクガメの中には人間並みの寿命をもつ種類もいます。その一方、ハムスターの寿命は2～3年。人と比べれば圧倒的に短く、ペットとして飼われるげっ歯目の小動物中でも短いほうです。人の感覚からすれば、本当にあっという間の一生です。

しかし、その2～3年の中には、幼い時期も高齢の時期もあり、私たちと同じようなライフステージを歩んでいます。「一生」という意味では、ハムスターの2年と人の80年は同じなのです。

生物学のベストセラー『ゾウの時間ネズミの時間－サイズの生物学』（著 本川達雄、中公新書）によれば、一生に打つ心臓の鼓動の数は、大きなゾウも小さなネズミも一緒なのだとか。ものさしの目盛りの間隔が違うだけで、「長い一生」も「短い一生」もないのかもしれません。

■ 手のひらに乗る「一生」

生涯のすべてを、私たちはハムスターから見せてもらうことができます。ハムスターの立場からすると、望んでいない不可抗力かもしれません。でもハムスターが生涯のすべてを飼い主に託してく

付録　ご長寿ハムスターを目指して一歩進んだ飼い主になろう

人

犬

14年

ハムスター

2年

人に比べると犬やハムスターの命の長さはあまりにも短いです。

【ペットの平均寿命】

犬	14歳
猫	15歳
ウサギ	5～7歳
モルモット	6～7歳
フェレット	5～11歳
チンチラ	10～15歳
シマリス	6～10歳
ハリネズミ	4～6歳
セキセイインコ	8歳
ミシシッピアカミミガメ	20～30歳

れた。そう思って日々の世話に取り組んでみませんか。私たちの手のひらには、「一生」が乗ります。それはとても重いものですが、幸せなことでもあるのです。

もって生まれた一生をまっとうさせたい

人にもハムスターにも、「生まれつき」というものがあります。外見だけでなく、かかりやすい病気や体質が家族や親戚で似ている、というのはよくあることです。

生まれつき、体があまり丈夫ではないハムスターがいます。飼い主がどんなに勉強し、どんなによい飼い方をしても、そのハムスターを長生きさせられないということもあります。しかし、その子にとってはその長さが「寿命」です。飼い主が勉強不足なわけでも、飼い方がよくなかったわけでもありません。

逆に、生まれつきとても健康で丈夫な子もいます。そんな子は、乱暴な飼い方をしていてもけっこう長生きすることがあります。長生きできたのはいいことですが、「飼育」という面を切り取ると、何ともいえません。たまたまその子にはよかったけれど、今後ほかの子を飼ったときに同じ飼い方をして大丈夫なのかどうか。次に飼ったハムスター（あるいはほかの動物）を同じように長生きさせられるとは限りません。

もって生まれた寿命が1歳半の子なのであったら、1歳半生きることができれば「ご長寿」です。「○歳生きた」ことよりも、飼い主としてやるべきことをやり、もって生まれた寿命をまっとうさせることができたら、そのことを誇ってほしいと思うのです。

それが、この本でいう「ご長寿を目指す」ということです。

The Hamster For longevity

「○○しすぎ」に気をつけよう

キーワードは「ほどほど」

その子のことが大好きなぶん、「手をかけてあげたい」「何でもやってあげたい」と思うのは人情というものです。動物を飼うなら、優しさやあふれる愛情はとても大切なものです。

しかし、何より相手は人とは違う生き物です。愛情をそのままぶつければいいというわけにもいきません。あふれる愛情がゆきすぎればハムスターが溺れてしまいます。日本には「溺愛」という便利な言葉があります。溺愛は、どちらかというとご長寿の妨げになります。

また、愛情はたくさんもっているはずなのに、やるべきことをしていないということもあるでしょう。

一番いいのは、愛情はたっぷりもちつつも、「やりすぎ」でもなく「やらなさすぎ」でもない、「ほどほど」です。

太らせすぎ

コロコロとまん丸のハムスターがいます。特にジャンガリアンハムスターが太りすぎると、まるでおまんじゅうのようです。その様子がかわいいとインターネットで、もてはやされたりします。

しかしあまりにも太らせすぎるのは健康面を考えるとおおいに問題があります。心臓に負担がかかり、糖尿病や高脂血症に

付録　ご長寿ハムスターを目指して一歩進んだ飼い主になろう

それぞれのハムスターにちょうどよい食事量があるよ

あくまでも参考値ね！

ゴールデン
体長	約16〜18.5cm
体重	約130〜210g

なりやすくなるなど病気のリスクが増えます。厚い脂肪の「上着」を着ていることになるので、体熱がこもりやすく、暑い時期には熱中症になりやすくなります。この過剰な脂肪層は、手術をする際にもじゃまになります。体をなでて健康チェックをしても、腫瘍などのできものが見つけにくいこともあります。毛づくろいもしにくいため、毛並みは乱れますし、皮膚疾患にもなりやすくなります。

このように過度な肥満には何もいいことがありません。太りすぎのペットはハムスターに限らず、犬や猫でも「かわいい」と話題になったりしますが、「いいね！」は健康面の多大なるリスクと引き換えにもらうものではありません。

■ 太らせすぎの原因

過度な肥満の原因としては、「カロリーの高いおやつのあげすぎ」がよくあるパターンです。人にとっておやつは甘いケーキだったり油っこいポテトチップスだったりしますが、ハムスターのおやつは「おいしいけど食べすぎると体に悪そうなもの」ではなく、ペレットでも野菜でも大好物ならいいので、ヘルシーなおやつを選んであげてください。

痩せさせすぎ

過度な肥満にはリスクがあるので、太らせすぎないことはとても大切ですが、痩せさせすぎてしまうのもよくないことです。

体質として、食べさせても太ってくれない子もいます。しかし、そうではなく、飼育管理への意識が高い家庭で飼われているハムスターが、案外痩せすぎているというような場合もあります。

身長180cmと150cmの人、あるいは筋肉質や骨太体質の人、みな適正体重が同じわけはありません。ハムスターも体

ジャンガリアン
体長
オス：約7〜12cm
メス：約6〜11cm
体重
オス：約35〜45g
メス：約30〜40g

ロボロフスキー
体長
約7〜10cm
体重
約15〜30g

キャンベル
体長
オス：約7〜12cm
メス：約6〜11cm
体重
オス：約35〜45g
メス：約30〜40g

チャイニーズ
体長
オス：約11〜12cm
メス：約9〜11cm
体重
オス：約35〜40g
メス：約30〜35g

The Hamster   For longevity

格によって、その子なりの「適正体重」があるはずです。「ハムスターの平均体重」の枠内に収まらなくても、その子にとって何の問題もないこともあるのです。

こうした数字のマジックは与えるペレットの量にも表れます。重要なのは「規定量を与えること」ではなく、「そのハムスターが健康にすごせる量を与えること」で、それを決める目安となるのが「規定量」なのです。規定量を与えながら、ハムスターの体格もよく見て、痩せてくるようなら量を徐々に増やしてみるなど、数字ではなくハムスターを見ることがとても大切です。

構いすぎ

ハムスターに限らず小動物を長生きさせている飼い主さんに話を聞くと、「あまり構っていない」という声が多いものです。どの程度構っているのか、そのレベルは人によって違うでしょうから一概にはいえませんが、ハムスターの中には、構いすぎが強いストレスになる子もいます。

野生のハムスターが自分よりも圧倒的に体の大きな生き物と遭遇するとき、その相手は常に天敵でしょう。ほかの動物に体をなでられたり、毛づくろいされたりすることも、野生では経験しません。

飼育下では、ハムスターの学習能力（飼い主は警戒しなくてもいい存在だと知る）と、飼い主のやさしい接し方によって、こんなに巨大な動物の接触を許してくれるようになりました。それでもやはり、もしかしたらハムスター自身が気づいていないような深層のレベルで、ストレスを感じているということはあるかもしれません。

たとえば、一日に1回、30分間、ハムスターを手に乗せたりなでたりしてすごし、それ以外の時間はハムスターのペースですごさせるのと、一日に6回、4時間ごとに5分ずつ構うのでは、ハムスターが感じるストレスは違うだろうと想像できます。

▲ ハムスターを休ませることも、適度にお世話をすることも、ハムスターの幸せに欠かせないものです。

飼育する以上、ハムスターを人に慣らすことは必要ですが、ハムスターがストレスから解放される時間もないほど構いすぎるのはいいことではありません。

最低限の世話すらしない、ハムスターを見ていないので異変に気づかないようでは、構わなさすぎにもほどがあります。

ほどよい構い方を会得することが、ご長寿を目指すにあたっての必須事項といえそうです。

構わなさすぎ

前述のように、むやみに構わないほうがハムスターにとって快適ということもあるでしょう。ですから、「構わなさすぎ」とは、「無理なコミュニケーションをとらない」という意味ならいいことだと思います。

ところが「構わなさすぎ」には、「放置している」という状況の意味もあります。

ハムスターが自ら逃げ込める巣箱や寝床を用意してあげましょう。

COLUMN

**考・ご長寿コラム
サプリメントをどう考える？**

多くの人が何らかのサプリメントを使ったことがあることと思います。ペット用サプリメントにもさまざまな種類があり、関心をもっている人も多いでしょう。

サプリメントは、「いい加減な食事を与えているので、その偏りを埋め合わせるためのもの」ではありません。まずは栄養バランスのとれた基本的な食事をきちんと与えることを考えましょう。それだけでも十分にハムスターを健康に飼うことができます。

そのうえで、プラスアルファになるものを与えたいとか、どうしても気になるところがあるといったときにサプリメントでのサポートを考えましょう。

ハムスターでは整腸作用や抗酸化作用、免疫力の向上などを期待して与えるものが一般的かと思います。

有効性に裏付けがあるのかを確かめ、もし病気治療中なら必ず獣医師にも相談しましょう。

サプリメントを与えることのメリットとしては、「ハムスターのために何かしてあげたい」という気持ちに応えることができる、という飼い主への作用も大きいかもしれません。実際の効果はともかくとして、それもまた意味があることだと思います。

The Hamster　　　　For longevity

おやつのあげすぎ

「太らせすぎ」の項でも説明したように、おやつのあげすぎは過度な肥満の原因になります。それだけではなく、べたつくようなおやつはおそらく歯のためにもよくないですし、頬袋にしまったりすると、あとで取り出しにくくなってしまうでしょう。その結果、頬袋脱のようなトラブルも起こしかねません。

ハムスターが嬉しそうにおやつを食べてくれる姿はだれでも見たいものですが、「ハムスターが喜ぶから」と甘すぎるようなおやつをたくさんあげるのはいいことではありません。

よく取り上げられる例として「自分の子どもが食べたがるなら、食事の代わりにケーキとジュースばかりあげるのか？」というものがあります。それが子どもの健全な成長のためにならないことは、だれでもわかることでしょう。

おやつをあげるのは、ハムスターとの暮らしの中での楽しい時間です。どんなものを与えるのがハムスターのためなのか、よく考えたいものです。

ダイエットさせすぎ

人の世界では、痩せすぎのモデルが問題になったりします。過度なダイエットがよくないことは誰でも知っていることでしょう。

ハムスターを美しさのためにダイエットさせる人はいないと思いますが、「痩せさせすぎ」の項に書いたように、体重の数値だけに注目していると、ダイエットさせすぎてしまうことがあります。

ハムスターの理想的な体格は、「がっちり体型」です。筋肉と脂肪がほどよくついたしっかりした体格を目指しましょう。ダイエットさせすぎで痩せてしまうと体力に余分がなくなり、病気になったときに負担がより大きくなります。太りすぎているのは問題ですが、人の体格でいうところの「小太り」にやや近いくらいでもいいのではないかと思います。

おいしいけれど食べすぎちゃダメなんだ

Appendix

■ 適切なダイエットの方法

　ダイエットが必要なのかどうか、まずは動物病院で健康診断がてら相談してみることをおすすめします。病気があったり高齢だったりして、無理をしないほうがいいこともあります。

　やはりダイエットさせたほうがいいいということになったら、一番いいのは「食事の質」で調整することです。まず、手始めに「おやつとして何をどのくらいあげているのか?」と見直してみましょう。ヒマワリの種など脂肪分の多いもの、果物など糖質の多いものは過度な肥満の原因になります。「おやつをあげる」というコミュニケーションは、大切にしたい時間ですから、「おやつをやめる」のではなく、徐々に脂肪分や糖質の少ないものに置き換えていきましょう。まずは嗜好性の高いペレットや好物の野菜などがいいでしょう。

　主食のペレットに関しては、ダイエットタイプやライトタイプなどの低カロリーなものに徐々に切り替えるといいでしょう。急に食べたことのないペレットをあげても食べないこともあるので、少しずつ混ぜていき、時間をかけて変えていきます。

　運動量を増やしたいと思っても、ハムスターは人の意思どおりに動いてはくれません。たとえば、ケージを広めのものにしたうえで、巣箱から出て食器のところまで行くためには、ハムスター用のアスレチックなどちょっとした高低差を乗り越える必要があるようにする、フードをケージのあちこちに隠しておくなどの工夫をするのもいいでしょう。

　ダイエットによってハムスターが体調を崩さないよう、無理のないゴールを決め、健康チェックも行いながら時間をかけてやっていきましょう。

付録　ご長寿ハムスターを目指して一歩進んだ飼い主になろう

COLUMN

考・ご長寿コラム
ハムスターの気持ちを理解したい

　「うちのハムスターは何を考えているのか?」「ここにいて幸せなのか?」と考え出すときがありません。住まいは快適か、ストレスはないのかなどは、何より一番ハムスターに聞いてみたいことです。それがわかれば、よりよい飼育環境を作る助けになるはずです。

　ハムスターは犬のようにしっぽを振ったり頻繁に鳴いたりしないので、その感情はわかりにくいものです。しかし、感情の動きをもっていないわけではないでしょう。「怖い」という感情は命に関わるものなので必ずありますし、おやつをもらったときの様子などを見ていると、「嬉しい」という気持ちの動きもあるのだろうと思います。

　行動を見ていて想像できるものもあります。毛づくろいは自分を落ち着かせたいときにもよくやるといわれます。

　ハムスターの気持ちを完全に理解するのは難しいですが、理解したつもりで擬人化するのではなく、「完全に理解するのは難しい」と理解することが大切かもしれません。

The Hamster　　　For longevity

情報があふれすぎ

情報社会といわれますが、飼育に関してもたくさんの情報にあふれています。何といってもインターネットが、情報過多に拍車をかけています。

■ 正解も間違いもあるインターネット

ネットで検索すればたいていのことは出てくるでしょう。ただしその検索結果はすべて並列です。正しいか正しくないのか、裏付けがあるのかないのか、すぐには判断できません。そのサイトの更新日は検索時に指定できますが、載っているのが新しい情報なのか古い情報なのかもわかりにくいことが多いものです。

ネットの情報をうまく活用するには、利用する側の能力も問われるのではないでしょうか。それができないと、どこかに○○がいいと書いてあれば気にし、どこかに○○はダメと書いてあれば気にし……と混乱してしまうかもしれません。情報をたくさん得たら、それを取捨選択することも必要です。

こうした点が、ネットと書籍との大きな違いのひとつです。1冊の本や雑誌ができるまでには、情報がふるいにかけられているので、ネットのように「何でもあり」ではありません。

■ 返事や答えの早さはネットのメリット

もちろんメリットも大きいものです。たとえば夜中にハムスターの体調が悪くなり、どこかのサイトで相談すれば、すぐに返事があるでしょう。リアルタイムで相談に乗ってもらえる、その安心感はとても大きいものがあると思います。

ネットの飼育情報の波に溺れないようにするためには、情報を振り分ける目をもつようにしてください。

付録　ご長寿ハムスターを目指して一歩進んだ飼い主になろう

▲ インターネットの飼育情報は膨大。上手に使って、正しい情報を得ましょう。

Appendix

情報が更新されなさすぎ

情報に振り回されないのも大事ですが、自身がもっている情報がまるで更新されていないのも大きな問題です。いまだにヒマワリの種が主食になっているハムスターもいないわけではないでしょう。

昔からある飼い方のすべてが否定されるものではないですが、ハムスターをとりまく飼育状況（グッズやフード、獣医療など）は日々進化しています。取捨選択することが前提ですが、新しい情報を得る努力をすることは大切です。

■ ペットの法律にもアンテナを張って

動物に関する法律などについても、アンテナを張っておきたいものです。

「ペットフード安全法」という法律があります。ところが対象となっているのはドッグフードとキャットフード（を犬猫に与えている場合）だけです。ハムスターフードは対象ではありません。フードのパッケージに関しては「ペットフードの表示に関する公正競争規約」というものがありますが、これもハムスターフードは対象外です。そのことを知っておくことも情報のひとつです。

ハムスターもその対象となっている「動物愛護管理法」（36ページ参照）という法律があります。飼い主に対する終生飼

付録　ご長寿ハムスターを目指して一歩進んだ飼い主になろう

COLUMN

考・ご長寿コラム
成長期は心と体を育む大切な時期

「三つ子の魂百まで」といいますが、動物の場合でも、成長期の経験がとても大切です。

一般に、ハムスターをペットショップから迎えると、飼い始めるのはちょうど成長期（3ヶ月くらいまで）。この時期は、周囲の新しいものごとを受け入れやすい時期といわれています。「小さい頃から飼ったほうが慣れやすい」といわれるのはこういう理由があるからです（大人になってからでも時間をかければ慣れます）。

ハムスターから見れば巨大な生き物である人のことを「怖くない」と理解もしてくれますが、接し方によっては「とても怖い」ということも覚えてしまいますから注意が必要です。

成長期はいうまでもなく、体が育つ時期でもあります。成長期に必要な高タンパクなフードをしっかり与え、健康に育てましょう。

成長期やそれに続く大人の時期に高いレベルの健康状態を維持していれば、高齢になって衰えてきてからも、体力に余力をもつことができます。ご長寿を目指す飼育管理は、迎えたその日から始まっているのです。

The Hamster / **For longevity**

養の努力義務や、ペット業者に関する規定などさまざまなことが決められていて、5年に一度、その内容が見直されています。

この法律では、ショップには「販売時に文書をもって飼育方法などの情報を説明する義務がある」ことも定められています。それを知らないと、何の説明もなしにショップで売られていたことを疑問に思うこともできません。

■ 飼い主が知識をもつことが
　ハムスターの地位を向上させる

ハムスターは生体の単価が安く、「子どもでも簡単に飼える」というイメージが強いこと、あるいは寿命が短いことなどから、残念ながらペットとしての地位が高いとはいえないところがあります。

ほかの動物と比べてどうかなんて関係ない、自分の中ではハムスターが一番、と思われる方もいるでしょうが、ハムスターが健康で長生きしてくれるためには、ハムスターのペットとしての地位が上がること、そしてそのためにはハムスターの飼い主が「意識が高いね」と思われることが必要だと思うのです。

フードやグッズを選ぶ厳しい目をもつ飼い主に選んでもらえるよう、メーカーはますますよいものを作ろうとするでしょう。それは間違いなくハムスターの飼育環境を向上させてくれます。

適切な知識と深い愛情をもつ飼い主のもとで、多くのハムスターが健康に長生きするようになれば、こんなにすばらしいことはありません。

ハムスターの行動や習性を知って、飼育を始めるようにしてください。

Appendix

COLUMN
考・ご長寿コラム
行動レパートリーを増やそう

　近年、多くの動物園で取り入れられている「行動展示」というものがあります。その動物が野生下でやっている行動や習性を自然に行えるような展示のことです。

　動物福祉の立場から、本来、野生下で行っている行動を取り入れ、動物の幸福な暮らしを実現させようというものを「環境エンリッチメント」といいます。

　動物園でも飼育下での暮らしはとても単調になりがちですが、野生下で動物が行っているさまざまな行動のレパートリーを増やし、その行動をする時間の配分にも考慮します。

　ハムスターの暮らしで見てみると、野生のハムスターは穴を掘って巣を作り、食べ物や繁殖相手を探して歩き回るなど、一日の多くの時間を何かの活動に費やしています。

　もちろん、飼育下でわざわざ過酷な環境を作る必要はありません。しっかり食べさせたい成長期の子や病気の子にはできませんが、その日の食事をケージ内のあちこちに隠し、自分で探させるというのもたまにはいいかもしれません。

付録　ご長寿ハムスターを目指して一歩進んだ飼い主になろう

COLUMN
考・ご長寿コラム
「鳥の目・虫の目・魚の目」を飼育に生かすこと

　ビジネスやものごとを見る際の大切な視点として「鳥の目・虫の目・魚の目」というものがあります。鳥の目は俯瞰で全体を、虫の目は細部を、魚の目は流れや動きを感じ取ろうというもの。この視点は、動物を飼うときにもいえるのではないかと思います。

　多くの場合、「虫の目」だけになってしまいがちです。それはそれで大事なことですが、全体を見る「鳥の目」も必要です。フンの状態はいいし食欲はある、個別の健康チェック項目にも問題はないのだけれども、全体に何となく元気がないような……と感じることもできるでしょう。

　また、幼い頃と年を取ってからでは、元気のよさも食欲のある様子も違ってくるでしょう。変化があることを上手に受け止め、飼い方に活かせるのが「魚の目」ではないでしょうか。

　動物を飼い、長生きさせるのが上手な人というのが存在します。話を聞くと「いや、特別なことは何もしていないです」とおっしゃるものの、そうした方は、これらの3つの視点を兼ね備えているのかもしれません。ハムスターの日々の飼育管理や健康管理に、取り入れてみたい視点です。

The Hamster   For longevity

シニアハムスターとの生活

高齢になると見られる体の変化

ハムスターは、生後1歳半くらいから老化が始まるといわれています。個体差はありますが、一般的に高齢になると見られる体の変化には次のようなものがありあります

- **五感の衰え**：視覚や嗅覚、聴覚などが衰えます。
- **目の病気**：白内障になりやすくなります。
- **毛並みの乱れ**：毛づくろいの頻度が少なくなり、毛並みが悪くなります。
- **歯のトラブル**：歯が弱くなると硬いものが食べにくくなりなります。
- **内臓の働き**：消化管や腎臓、肝臓の機能や心肺機能が衰えます。
- **腫瘍になりやすくなる**：高齢になると腫瘍の発生率が高くなります。
- **骨密度が低下**：骨密度が低下するため、骨折しやすくなります。
- **爪が伸びすぎる**：不活発になって爪がすりへる機会が減るため、伸びやすくなります。
- **免疫力の衰え**：免疫力が衰えてくるので、病気になりやすくなります。
- **恒常性の低下**：体のバランスを維持する能力が低下し、体温調節がうまくできなくなり、熱中症や低体温症になりやすくなります。
- **活発さの変化**：回し車をあまり使わなくなるなど不活発になったり、寝ている時間が多くなります。
- **体重の変化**：老化が進むと食べる量が減り、筋肉量も衰えるので痩せてきます。

毎日、お世話をしているとなかなか老いの変化に気づかないかもしれません。また、上記の変化が一度に起こるわけではありません。年齢を重ねてきたら、体や行動をよく観察してあげましょう。

付録　ご長寿ハムスターを目指して一歩進んだ飼い主になろう

（若いモンにはまだ負けん!!）

◀ 高齢になると、被毛がパサついたり、痩せてきたりするかもしれません。

Appendix

高齢ハムスターの環境

■ 感覚の衰えを補う環境にしよう

高齢になってくると感覚が衰えてきます。また体温調節がしにくくもなったりします。自分ではあまり気にしていなくとも、実はストレスを受けていることも多くなってきます。

急激な温度変化がないよう、エアコンやヒーターでのよりこまめな温度管理を行い、巣材が足りないようだと思ったら足してあげるなどのケアをしましょう。何よりおだやかにのんびり過ごせる環境が一番です。

■ 安全な環境を作ろう

運動能力も衰えてきますので、飼育環境が安全かどうかの見直しも必要です。この際に難しいのは、あまりに早くバリアフリー化してしまうと、せっかくもっている運動能力の衰えを進めてしまうかもしれないという点です。とはいえ、環境を変えるならあまり高齢になってからではないほうがいいので、様子を見つつ、より危険な部分からケアしていくといいでしょう。

たとえば、ロフトをつけているならロフトをやめて、代わりに登り降りして遊べる高さの低いおもちゃを置くなどの対応ができるでしょう。

回し車は時間を決めて使わせるようにするなど、ある程度は体を使わせながら、無理をさせない注意をしてください。

付録　ご長寿ハムスターを目指して一歩進んだ飼い主になろう

高齢になると眠ったり休んだりする時間が多くなることも。快適な寝床を準備しましょう。

The Hamster For longevity

適切な食生活

歯が弱ったりせず、ペレットを問題なく食べられるようなら、食生活を無理に変更することはありません。

高齢になり始めた時期で、よく食べるが運動しなくなってくる場合、太ってくることがあります。ライトタイプなどの脂肪分の少ないペレットに変えることもできますが、急に変更すると食べなくなることもあるので注意が必要です。

食べる量が減るようなら、通常のペレットのほかに食べやすくふやかしたペレットを補助的に与えるといいでしょう。大好物を少量、与えることで、食欲を増進させることもできますので、上手に使ってください。

歯を失う、または歯が弱っている場合は、ふやかしたペレット、小動物用の流動食、ペットミルク（ヤギミルクがおすすめです）などを与えることもできます。

【そのほかの食べやすいメニュー例】
- すりおろした野菜や果物
- 少量の野菜ジュースや果物のジュース（いずれも砂糖無添加）
- ヨーグルト（無添加が理想）
- 豆腐（水を切ってからがよい）
- 野菜フレーク（水分を加えて使う）
- ベビーフード（味付けしていないもの）

など

【こんな考え方も】

「食べる」ということは、動物にとって最後まで根強くもつ欲求のひとつでしょう。ハムスターも人も、大好きなものを食べるのはとても幸せなひとときだと思います。

高齢になってからも食生活を徹底的にコントロールするのも大切なことですが、年を取ったら好きなものをたくさん食べてすごさせたい、という考え方もあるでしょう。飼い主がよく考えたうえで決めるなら、それもまたひとつの決断だと思います。

付録　ご長寿ハムスターを目指して一歩進んだ飼い主になろう

食べるの楽しみ ♥

▶高齢ハムスターとの食事どきは、コミュニケーションを楽しむひとときとなるでしょう。

Appendix

高齢ハムスターとの接し方

　よく慣らした個体であっても、あまり長い時間構ったりせず、食欲を増進させる好物を手から与える時間を作るなど、短い時間のコミュニケーションにしたほうがいいでしょう。

　ハムスターが高齢になると、手がかかることも増えてきます。トイレを覚えていた個体でもトイレではないところで排泄するようなこともあるでしょう。こうしたことは仕方のないことですから、高齢になるまでお世話できていることを幸せに思い、大らかな気持ちで接するようにしてください。

健康診断

　若いうちからかかりつけの病院を決めておき、高齢になってからも健康診断を受けるといいでしょう。

　年を取って体調が悪くなると「もう年だから」とあきらめてしまうケースもありますが、体調不良の原因によっては高齢でも治療ができ、生活の質を高めることもできるかもしれません。

　食べる量が減ってきたのでふやかした食事を増やしたりすると、歯の伸びすぎも心配になります。かかりつけの先生に時々チェックしてもらうと安心です。

病気との向き合い方

　ハムスターは高齢になると腫瘍が増えるほか、さまざまな病気にもなりやすくなります。その中には、治療が容易にできるものもあれば、そうではないものもあります。

　どのような治療の選択肢があるのか、治療をするとよくなる可能性があるのか、ハムスターにかかる負担が大きいのか、また治療費や家庭でどんな看護が必要になるのかなど、獣医師とよく相談をしてください。

　高齢でも完治を目指して治療することを選択するケースもあるでしょうし、積極的な治療はせず、ハムスターの生活の質を高める治療をするケースもあります。どのような方法を選択するにせよ、大切なのは飼い主が納得できる方法を自分で選ぶことです。それがハムスターにとってベストの方法であるはずです。

若いうちから健康診断を受けましょう。

付録　ご長寿ハムスターを目指して一歩進んだ飼い主になろう

The Hamster　For longevity

お別れのときに

付録　ご長寿ハムスターを目指して一歩進んだ飼い主になろう

■ ハムスターが亡くなったら

ハムスターを見送るには、下記のような方法があります。ハムスターの「終活」として家族で話し合い、納得のいく方法を決めておいてもいいでしょう。

【自宅の庭にお墓を作る】
庭に深めに穴を掘ってお墓を作ります。大きなプランターをお墓にする人もいます。なお、公園や河川敷などに埋めるのは違法です（軽犯罪法）。

【ペット霊園を利用する】
小さな体の動物でもきれいに火葬してくれる霊園も増えました。火葬だけ頼んでお骨は家に安置する、お骨は霊園に納めるなどいろいろな方法があります。

【自治体に依頼する】
自治体でもペットの遺体を引き取ってくれます。内容はさまざまなので、問い合わせてみてください。

■ よい「さよなら」をしよう

生き物を飼っていれば、いつかは「さよなら」をいう日がきます。

愛するペットを失えば、程度の差はあってもだれもが悲しみを感じます。この喪失の気持ちをペットロスといいます。悲しい気持ちを押し殺す必要はありません。泣いていいのです。時間がたてば少しずつ、前を向けるようになってきます。いつか、いろいろなできごとを泣き笑いで思い出せる日もくるはずです。

そして、こんな飼い方をしたらよかった、あるいは失敗だった、などの経験をほかの飼い主に伝えることができれば、あなたとハムスターとの日々は次の世代にもつながります。

ハムスターを大切に飼い、毎日を楽しみ、最後には「ありがとう」とお見送りしてほしいと思っています。

◀ハムスターの埋葬は納得のいく方法を選びましょう。プランターや庭に埋める、火葬を業者に依頼するなどがあります。公園の花壇などに埋めてはいけません。

Special Thanks & Bibliography

写真ご提供・取材ご協力（敬称略・順不同）

発刊にあたり、アンケートへのご協力、および愛ハム画像ご提供をいただき、誠にありがとうございました。

chin＆メロ
Eizi＆櫻子さん
ほげまめ＆スー、とら
なほ＆桜恋
濱地恵＆きなこ、ちるみる、ぽーぽとベビーたち、なまこ、わたあめ、ちんにゃこ
ぼんぼり＆おくに、茶太郎
moya＆リチャード・ハモンド、ジェレミー・クラークソン、スティグ
サマンサ＆ベガ
hikari＆りっくん
chie＆ぽんちゃん
ゆあ＆7代目ミー太、8代目チー太、7代目チー太
中辻加奈子＆プリエ
秋本知恵＆ぽー太、ポリー、ぽっくん、ポミン、ぽちゃ
ひとみ＆アルパフィカ
なつこ＆きみちゃん
なおき＆プゥちゃん
とき。＆とま。
フレット＆チロル、ウイリー
はむキチ＆もも
ぺたろー＆一味、ロック、キャン、丈、ロイ

撮影ご協力（敬称略・順不同）

株式会社ファンタジーワールド　　フィード・ワン株式会社
株式会社三晃商会　　　　　　　　アイリスオーヤマ株式会社
ジェックス株式会社
株式会社マルカン　　　　　　　　株式会社相関鳥獣店
イースター株式会社　　　　　　　ティファンの森

参考資料

『Ferrets, Rabbits and Rodents: Clinical Medicine and Surgery (2nd edition)』
Katherine Quesenberry、James W. Carpenter（Saunders）
『カラーアトラスエキゾチックアニマル 哺乳類編』霍野晋吉、横須賀誠（緑書房）
『わが家の動物・完全マニュアル　ハムスター』（スタジオ・エス）

著者（執筆・編集）

大野 瑞絵（おおの みずえ）

東京生まれ。動物ライター。「動物をちゃんと飼う、ちゃんと飼えば動物は幸せ、動物が幸せになってはじめて飼い主さんも幸せ」をモットーに活動中。著書に『ハリネズミ完全飼育』『小動物ビギナーズガイド ハムスター』（小社刊）、『うさぎと仲よく暮らす本』（新星出版社刊）など多数。1級愛玩動物飼養管理士、ヒトと動物の関係学会会員。

写真

井川 俊彦（いがわ としひこ）

東京生まれ。東京写真専門学校報道写真科卒業後、フリーカメラマンとなる。1級愛玩動物飼養管理士。犬や猫、うさぎ、ハムスター、小鳥などのコンパニオン・アニマルを撮り始めて25年以上。写真担当の既刊本は『新 うさぎの品種大図鑑』『ザ・リス』『ザ・ネズミ』（小社刊）、『図鑑NEO どうぶつ・ペットシール』（小学館）など多数。

監修

田向 健一（たむかい けんいち）

田園調布動物病院院長。麻布大学獣医学科卒業。博士（獣医学）。自身でも多数の動物を飼育、その経験を生かし犬猫からウサギ、ハムスター、爬虫類などを診療対象とし、特にエキゾチックペットに力を入れている。一般書ほか専門書、論文など多数執筆を行っており、近著に『生き物と向き合う仕事』（ちくまプリマー新書）がある。

編集協力
前迫 明子

デザイン・イラスト
Imperfect（竹口 太朗、平田 美咲）

イラスト
大平 いづみ

毎日のお世話から幸せに育てるコツまでよくわかる！
ハムスター

NDC489

2017年 5月25日 発 行

著 者	大野 瑞絵
発行者	小川 雄一
発行所	株式会社 誠文堂新光社 〒113-0033　東京都文京区本郷 3-3-11 （編集）電話：03-5805-7765 （販売）電話：03-5800-5780 http://www.seibundo-shinkosha.net/
印刷所	株式会社 大熊整美堂
製本所	和光堂 株式会社

©2017, Mizue Ohno / Toshihiko Igawa. Printed in Japan

検印省略

本書掲載記事の無断転用を禁じます。
落丁・乱丁本はお取り替えいたします。

本書のコピー、スキャン、デジタル化等の無断複製は、著作権法上での例外を除き、禁じられています。本書を代行業者等の第三者に依頼してスキャンやデジタル化することは、たとえ個人や家庭内での利用であっても著作権法上認められません。

JCOPY〈（社）出版者著作権管理機構 委託出版物〉

本書を無断で複製複写（コピー）することは、著作権法上での例外を除き、禁じられています。本書をコピーされる場合は、そのつど事前に、（社）出版者著作権管理機構（電話 03-3513-6969／FAX 03-3513-6979／e-mail:info@jcopy.or.jp）の許諾を得てください。

ISBN978-4-416-71625-0